p5.js

互联网创意编程

李子旸 蔡蔚妮 李伟 编著

电子工业出版社

Publishing House of Electronics Industry

北京 · BEIJING

内 容 简 介

p5.js 是一个以 Processing 语言为基础的 JavaScript 库，经常用于互联网数据可视化和互动艺术创作。它继承了 Processing 语言的初衷，通过简单的编程即可表达数字创意。本书共 12 章，全面介绍了 p5.js 的功能和使用方法，包括 p5.js 基础图形绘制、p5.js 语法、响应互动、运动和几何变换、函数和对象、数组、图片、视频、音频等内容，可供高等学校数字媒体艺术设计类专业学生、相关从业人员和编程爱好者学习使用。

图书在版编目（CIP）数据

p5.js互联网创意编程/李子旸，蔡蔚妮，李伟编著. —北京：电子工业出版社，2019.6
ISBN 978-7-121-36374-0

Ⅰ. ①p… Ⅱ. ①李… ②蔡… ③李… Ⅲ. ①JAVA语言—程序设计 Ⅳ. ①TP312.8

中国版本图书馆CIP数据核字（2019）第073044号

责任编辑：章海涛
印　　刷：北京虎彩文化传播有限公司
装　　订：北京虎彩文化传播有限公司
出版发行：电子工业出版社
　　　　　北京市海淀区万寿路173信箱　　邮编：100036
开　　本：720×1000　1/16　印张：13.75　字数：266千字
版　　次：2019年6月第1版
印　　次：2022年1月第5次印刷
定　　价：79.00元

凡所购买电子工业出版社图书有缺损问题，请向购买书店调换。若书店售缺，请与本社发行部联系，联系及邮购电话：（010）88254888，88258888。

质量投诉请发邮件至 zlts@phei.com.cn，盗版侵权举报请发邮件至 dbqq@phei.com.cn。

本书咨询联系方式：liuy01@phei.com.cn。

序

回想这几年数字媒体艺术专业的教学与研究工作，虽然其中很多经验和方法不是一本书所能叙述的，但是希望这本书可以成为高等学校数字媒体艺术设计类专业学生学习创意编程的入门书籍。

第一次接触 Processing 语言是在 2010 年，那时我还在法国贝桑松大学多媒体专业就读研究生二年级。当时就感觉这种参数化的艺术创作形式非常新颖且具有吸引力，之后又学习了广州美术学院谭亮老师的经典中文著作——《Processing 互动编程艺术》，该书对我之后的数字媒体艺术创作和教学有着非常深远的影响。近年来，随着移动互联网的普及，Processing 语言的 JavaScript 版本 p5.js 面世，让互联网与艺术形成了一次美妙的碰撞，人们可以借助互联网进行艺术创作，体验互动艺术结合互联网带来的便利性与趣味性。

近半年，我一直在进行这本书的编写工作。它不仅是我教学资料的总结，更融合了我对互联网创意编程的理解。由于国内 p5.js 的中文书籍和资料非常少，因此在编写过程中难免会有不足之处，还望读者谅解并提出宝贵意见。

感谢 p5.js 创始人 Lauren McCarthy 女士对我撰写中文版 p5.js 书籍的支持。感谢我的学生们带给我的灵感和启发，感谢丁沐榕、王军艺、倪家赫、任柏洺、唐宇昂、于文媛、丁梦茹同学，他们的优秀作品为本书的出版做出重要贡献，感谢电子工业出版社的刘玙老师及其团队，感谢我的同事对本书提出的宝贵建议。最后，特别感谢家人对我的支持和理解。

李子旸

2019 年 6 月于北京

一 前 言 一

我早就想写一本关于互联网创意编程的书，与同行们交流和分享些许教学与研究的体会，但迟迟找不准切入点，想不透互联网艺术的意义到底是什么。近几年，我做了些关于互动艺术的项目，看了很多与数字媒体艺术相关的展览，从中或多或少汲取了一些经验。特别是下面提到的两件事情让我感受深刻，促使我对未来数字媒体艺术的表现形式有了更多的思考。

第一件事情是做时光绘画装置实验。这是我于 2016 年参与的某商家的一个互动艺术项目，即用户拿着发光体在暗室中挥动，用摄像头捕捉光运动的像素点并记录下来，形成图像。项目前期测试做起来很有意思，但在展览现场却没有达到预期的效果。在和用户交流的过程中才领悟到：用光在暗室中绘画和用笔在纸上绘画，虽然场景和手法不同，但创作构图同样需要绘画功底。我们之前做原型测试的时候找的都是艺术设计专业的学生。他们有绘画基础，因此可以使用光笔轻松地做出各种图形。而在展示现场，测试者千差万别，大多数人没有绘画能力。一位年轻女性用户的反馈就很直白，她觉得这个东西好玩儿，很有意思，但对她来说操作太难，哪里还有自信在暗室中用光笔画出理想的图案啊?！

第二件事情是我于 2018 年参加 Barbican Centre（巴比肯艺术中心）在北京举办的一个展览。这个主题为"Digital Revolution（数字革命）"的展览讲述了电子游戏发展史，并对未来数字化媒介进行了实验和探索，是一个值得看的数字媒体艺术展，可惜有不少的展品是几年前的。我在感叹数字媒体艺术的发展实在是太快的同时，也观察和研究了观展人群及其兴趣。我把观众大致分为 80 ～ 90 后、90 ～ 95 后、95 ～ 00 后几个年龄段，随访了一些人。可以这样说，这些年龄段的人的价值观基本上代表着未来 10 年甚至 20 年主流人群的价值观。受访者背景各异，其中仅有一小部分人接受过艺术类专业教育，但所有的人对数字媒体交互艺术的兴趣都很高。无论是电子游戏还是一些富有创造性的交互展品，他们都很喜欢，只是希望没有很复杂的交互过程，且不用特殊的专业技能就可以参与互动创作。

这两个事例看似有些矛盾，我们一方面在强调大众参与，一方面又强调专业基础；一方面强调应用效果，一方面又强调社会效益；一方面强调娱乐性，一方面又强调艺术品位。其实，这些问题正是当前数字媒体艺术发展面临的难点。众所周知，数字媒体艺术是伴随着计算机科学技术和网络媒体技术的发展而形成的新兴艺术门类。作为技术支持工具的计算机及其配套设备是工业标准化的产物，而艺术的生命力又在于它的个性化和独创性，这就要求我们在标准化的条件限制下尽最大可能去展现和张扬艺术品的个性与特色。再看网络媒体技术，大众化是它的本质特征。今天的世界已经被互联网和移动社交媒体环绕，信息不断丰富带给受众的已经不仅仅是艺术欣赏。人们对美和创造力的追求非但没有因为信息爆炸而丧失，而且还在不断地升级。参与、体验、再创作成为一种新的时尚。人们喜欢用一些可以做微创造的艺术表现工具来展示自我，并把一些有意思的东西分享和曝光出去；进而，人们不再喜欢陈旧的表现形式，总想深入一些问题，掺杂一些自己的东西和思想到艺术品中。这也许就是为什么诸如抖音、脸萌、Faceu 和 ZEPETO 这些 App 能够火爆起来的原因吧。此外，单就艺术本身来说，视觉艺术与听觉艺术、实景艺术与虚拟艺术、动态艺术与静态艺术都有各自的特性。数字媒体出现以后，创作、保存、复制和传播的方式发生了很大改变，多种艺术元素和艺术形式的高度融合也成为了现实，传统作品至高无上的唯一性规则已经受到很大冲击。

综上所述，如何实现工具标准化、应用大众化、艺术个性化的有机结合，是数字媒体艺术发展面临的实际问题。当然，这些问题的解决有待于深入的理论研究和探索。但从应用角度来看，设备改良、软件选择、程序设计等手段可能更加可行。因此，目前有很多高校在数字媒体艺术专业开设了程序设计课程，或许通过艺术专业学生强化程序设计在艺术创作中的作用，是促进"数字技术＋媒体传播＋艺术创作"有机结合的一条有效途径。基于这一认识，我们选择 p5.js 编程语言作为切入点，试图针对高等学校数字媒体艺术设计类专业学生的思维特点，编撰一部基于互联网创意编程的教材。

本书的显著特点是注重实用，除介绍少量而又必要的概念之外，尽量避开繁冗的文字叙述，代之以多种绘图方法和大量示例程序。凡是涉及操作功能的，都与示例相联系，并且每一个示例程序都已测试通过。用户只要理解正确，准确输入，就可以得到满意的结果，即使是从未接触过程序设计的初学者也可以快速入门。

　　本书适合高等学校数字媒体艺术设计类专业学生、相关从业人员和编程爱好者学习使用。希望读者在掌握 p5.js 编程要领后，可以在网页上做出有意思的互动作品。希望本书可以让更多人亲身体验到互动艺术的魅力。

李子旸

2019 年 6 月于北京

一 目 录 一

第 1 章
p5.js 概述

■■■

p5.js 是什么？它是如何诞生的？这得从 2001 年讲起。艺术家 Casey Reas 和 Ben Fry 是美国麻省理工学院媒体实验室（M.I.T Media Lab）美学与计算小组的成员。该小组成立于 1996 年，由著名的计算机艺术家 John Maeda 领导。其开发了 Design By Numbers 语言并且一直致力于研究计算机程序与艺术表现的完美结合。过去，C++ 和 Java 是人们经常使用的编程语言，然而这两种编程语言让大多数艺术家感到烦恼，尤其是没有接触过编程的艺术家和设计师，编写这两种类型的代码对他们来说是非常困难的事情。Casey Reas 和 Ben Fry 也意识到了这一点。在 Design By Numbers 语言的影响下，他们开发出了一款让设计师、艺术家和其他非程序员都能够轻松使用的计算机编程语言——Processing。

艺术与科技的巧妙结合，碰撞出让人意想不到的火花。通过 Processing，设计师和艺术家可以更好地、更简单地使用代码来表现创意，不再被烦琐的编程语言束缚思维，而是可以将注意力集中在图像与交互方式上面。这些年，Processing 已经广泛应用于艺术、人文科学、数据可视化、计算机科学等很多领域。

几年前，Casey Reas 和 Ben Fry 联系了 Lauren McCarthy，一起讨论并设想 Processing 在 Web 上呈现的可能性。他们带着这个想法，带着 Processing 的初衷，创建了 p5.js 这个 JavaScript 库，实现了 Web 端的互动艺术创作，释放出互联网创意编程的巨大魅力。

第一个 p5.js 的测试版于 2014 年 8 月推出，从那时起，它便在全世界范围内被设计师和艺术家使用。p5.js 能有今日的成就，要归功于千万名艺术家与程序员的努力。他们修复核心功能漏洞、编写示范与案例、无私地分享代码，这些因素缺一不可。p5.js 希望可以继承 Processing 的理念，在 Web 上继续做出好的创意，让更多的人接触到互动编程艺术，学习使用代码创作互动艺术作品的方法。

p5.js 可以制作基于网页的图像、动画和交互作品。输入一行绘制点的代码，会有一个像素点显示在屏幕上。将绘制代码稍加变化，像素点可能会变成一个椭圆形。再多写几行代码，椭圆便能跟随鼠标指针移动。试着添加一些描绘颜色的代码后，当单击鼠标时，椭圆会改变颜色。在编写和修改代码的过程中，一步一步实现图形的绘制与互动，是一件非常有趣的事情。为了让使用 Processing 的用户能更好地适应 Web 开发，p5.js 尽可能地遵循 Processing 的语法。但是，毕竟 p5.js 使用 JavaScript 语言构建，而 Processing 使用 Java 语言构建，两种语言有着不同的模式。因此，有时在编写过程中不得不偏离 Processing 的语法。不过 p5.js 与其他 JavaScript 库可以完美地兼容，从功能到工具上实现无缝集成，从而对熟悉 Web 或前端开发但不了解创意编程的用户是非常友好的。

在接下来的章节中，本书将阐述 p5.js 提供的各种绘图和互动方法。

1.1　易懂的一门语言

编程也有它的语言体系，这一点与人类语言非常像。p5.js 属于 JavaScript 语系，它与 JavaScript 的语法结构基本相同。但是 p5.js 更加简单且易于使用，它将很多功能进行了封装，用户只需要输入一个函数名就可以执行某个复杂功能。正因为有了这些简单易懂的函数，p5.js 成为了适合学习互联网创意编程的入门语言。

1.2　p5.js 的功能与特性

p5.js 由许多工具和模块组成，它们以不同的组合方式协同工作。一个 p5.js

程序短则几行，长则数千行、数万行。因此，它的灵活性与适应性需要更深入的研究。另外，一些 p5.js 的外部库进一步将它扩展，实现了图片、音频、视频、3D 等处理功能，并通过 HTML 添加按钮、滑块、输入框，实现了各种形式的数据输入。

1.3　进入 p5.js 的圈子

任何人都可以去 p5.js 的官方网站（p5js.org）免费下载开发包进行学习和创作。p5.js 是一个免费、自由、开源的软件。它本着开放共享的精神，希望用户登录 p5js.org 分享和发布自己的项目和经验。同时，也可以登录 OpenProcessing 网站（免费的 Processing 艺术家作品分享网站）与世界各地的艺术家进行探讨交流（如图 1.1 所示）。

图 1.1

OpenProcessing 网站

1.4　下载 p5.js 库

访问 p5.js 的官方网站 p5js.org（如图 1.2 所示），在 Download 菜单中可以下载最新版本的 p5.js 开发包。

由于本书所有示例均使用 0.7.1 版本，因此强烈建议读者从本书提供的链接下载本书的资源压缩包，其中包括了 p5.js 0.7.1 版本开发包、所有示例文件及素材。

本书资源压缩包下载地址：https://share.weiyun.com/5xCNNia。

（资源下载）

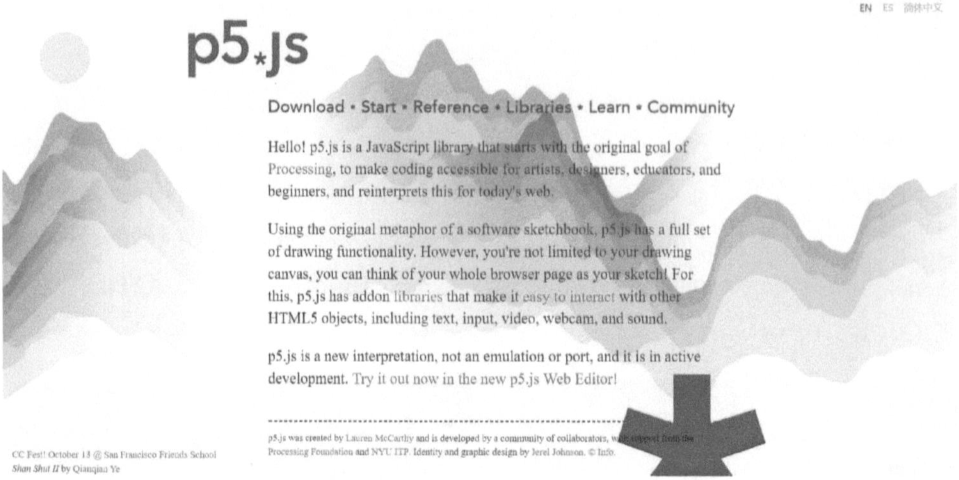

图 1.2
p5.js 官方网站主页

资源压缩包解压后将得到"资源"文件夹，将其中"开发包"文件夹下的"p5"文件夹（p5.js 0.7.1 版本开发包）拖至硬盘的某个位置。

1.5　开发环境

除了开发包，还需要下载一个代码编辑器。代码编辑器类似于文本编辑器，它可以进行代码的编写。建议使用 Sublime 或者 Notepad++，这两个代码编辑器都可以在它们的官方网站下载。此外，还推荐使用 p5.js 官方网站的在线编辑器（https://editor.p5js.org/），该编辑器通常使用最新版本的 p5.js 开发包，并可以实现在线代码编辑和效果演示。

1.6　开启第一个程序

完成上述工作便可以开启第一个程序了！"p5"文件夹内已经有一个创建好的空项目——"empty-example"文件夹。打开"empty-example"文件夹将会看到两个文件："index.html"和"sketch.js"。使用代码编辑器将它们打开并浏览里面的内容。

查看"index.html"文件会发现，它仅仅是为了给程序建立架构，它将需要用到的 p5.js 库文件和另一个名为"sketch.js"的文件（需要编写 p5.js 代码的文件）链接在一起。创建这些链接的 HTML 代码如下：

```
<script src="../p5.min.js"></script>
<script src="../addons/p5.dom.min.js"></script>
<script src="../addons/p5.sound.min.js"></script>
<script src="sketch.js"></script>
```

本书并不是为了学习 HTML 语言，因此无须对此 HTML 文件执行任何操作，读者只需要将重心放在"sketch.js"文件上面即可。接下来，使用编辑器浏览"sketch.js"文件，会看到下面的代码，这里才是开始编写 p5.js 代码的地方：

```
function setup() {
 //put setup code here
}
function draw() {
 //put drawing code here
}
```

学习过 Processing 的读者对上述结构会感觉非常熟悉，代码分为两部分：setup 函数和 draw 函数。每个部分都有特定的功能。凡是设置程序初始状态的代码，建议写在 setup 函数里面，例如，设置画布大小、刷新频率、色彩模式等。关于图形绘制的功能代码建议写在 draw 函数里面，例如，设置颜色填充、绘制矩形、绘制直线、绘制图像像素等。这里暂且将这些详细的功能放到一边，本书后面会对这些功能进行详细讲解。

与前几节不同，学习后面章节要做的不仅仅是阅读，实践与练习才是最重要的事情。在理解了一些代码的基本含义后，请使用键盘输入这些代码并尝试进行改变，绘制出不一样的艺术图形。首先，尝试着画一些简单的图形。

例 1-1　绘制一条线段

在 draw 函数内，输入以下内容：

```
background(200);
line(50, 50, mouseX, mouseY);
```

完整的代码结构如下：

```
function setup() {
}
function draw() {
    background(200);
    line(50, 50, mouseX, mouseY);
}
```

上述代码执行的结果是：绘制一条线段，其中一个顶点的位置距离画布最左边 50 像素，距离画布最顶部 50 像素，另一个顶点会跟随鼠标指针移动。将示例保存并使用 Web 浏览器（推荐使用 Chrome 浏览器）查看代码的运行效果。双击"index.html"文件，或在浏览器中选择并打开"index.html"文件。如果输入的代码无误，那么将会在浏览器中看到一条跟随鼠标指针移动的线段。

上面这个示例是在"empty-example"文件夹中完成的创作。但是，如何建立新项目呢？最简单的方法是：单击"empty-example"文件夹，直接复制粘贴并将文件夹重命名，例如，命名为"myFirstProject"或"1-1"或其他能够表达作品内容的名称。创建好新的文件夹后，就可以在代码编辑器中打开新文件夹下的"sketch.js"文件开启新篇章。

读者练习本书的每个示例前，请使用不同的文件夹名称创建项目，以便日后方便查找（建议使用本书的示例编号命名文件夹名称，例如，将文件夹命名为"1-1"）。另外，应记住随时保存代码。养成经常保存代码的好习惯，在面对突发状况时就可以从容应对。

下面这个示例将尝试做一些更有趣的图形。

例 1-2 绘制连续的线条

复制空项目"empty-example"文件夹并重命名文件夹名称。进入新创建的文件夹并打开"sketch.js"文件进行本例的编写（效果图如图 1.3 所示）。

```
function setup() {
    createCanvas(600, 600);
}
function draw() {
    if (mouseIsPressed) {
```

```
        stroke(220);
    } else {
        stroke(0);
    }
    line(300, 300, mouseX, mouseY);
}
```

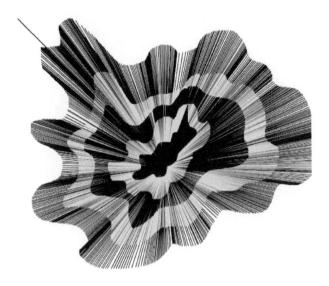

图 1.3

例 1-2 效果图

　　这个示例创建了宽、高都是 600 像素的画布，鼠标指针可以在画布上移动
并绘制出一些黑色的线段。单击鼠标，线段将变为灰白色。与其他计算机语言一
样，p5.js 只认识代码，因此需要严谨的语法结构和缜密的逻辑思维。只要一点
一滴地进行练习，终会慢慢适应它。这里尝试着理解代码的含义，但不要着急，
后面的章节还会学到更多关于绘图和互动的知识。读者学完整本书后，可以再回
过头来看看这个示例，将会有不一样的感受。

1.7　草图的重要性

　　在正式学习 p5.js 的内容前，需要强调关于图形草图与构思的重要性。Casey
Reas 在接受创想计划采访时特别谈到了绘制草图。草图是一种非常有意思的思考方式，它便于快速地将想法记录下来。在 p5.js 的创作中，并不建议直接进行图形代码的编写，而是应该先在纸上绘制一些原型草图（如图 1.4 所示），然后再用代码把想要表现的图形呈现在屏幕上。

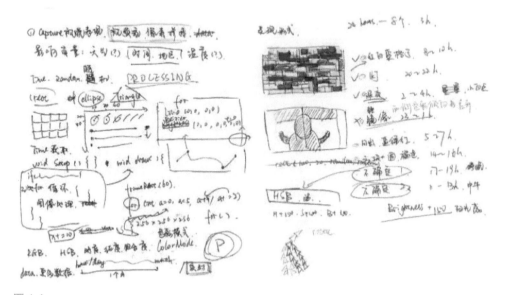

图 1.4

随着草图从纸张转移到屏幕上，画面产生了新的可能性（作者：王军艺）

《罐中瓶》，倪家赫，2019 年 1 月

第 2 章
绘制图形

■ ■ ■

创建了一个 p5.js 项目，便可以通过"index.html"文件在浏览器中查看效果。浏览器窗口呈现图形的区域称为画布。画布默认会在浏览器窗口的左上角呈现。它可以与浏览器窗口尺寸相同，也可以不同。在屏幕上绘图，就像在一张坐标纸上画画一样，只不过屏幕的基本单位是像素而不是厘米或毫米。在绘制图形时，x 坐标是指某个像素点到画布左边缘的距离，y 坐标则是指这个点到画布顶端的距离。

2.1　画布

画布是怎么建立起来的？画布上的图形又为什么能够呈现出来？这一切都要归功于函数。函数是 p5.js 的基础组成部分，函数的具体表现是由它的参数决定的。每个 p5.js 程序都会写入 createCanvas 函数，用来创建具有特定高度及宽度的画布。关于函数的更多知识，将在本书后面的章节详细介绍。

例 2-1　创建一个画布

createCanvas(width,height) 函数有两个参数，第一个参数 width 用于设置画布的宽度，第二个参数 height 用于设置画布的高度。本例创建了宽为 640 像素、高为 480 像素的画布。background 函数用于设置画布的背景颜色。

```
function setup() {
    createCanvas(640, 480);
    background(120);
}
```

2.2　基本形状

p5.js 可以使用一些函数绘制基本图形。如果读者之前学习过 Photoshop 或者类似的数字绘图软件，应该对计算机绘图有一些了解，这些软件都可以使用基本图形创建非常有意思的图画。p5.js 可创建的基本图形包括：点、直线、三角形、四边形、矩形、椭圆、圆弧和贝塞尔曲线。下面将举例说明这些绘制基本图形函数的使用方法。

例 2-2　点——point 函数

point(x,y) 函数可以绘制像素点，即填充一个像素单位。这个函数需要两个参数，x 坐标与 y 坐标。首先创建一个宽为 300 像素、高为 300 像素的画布，然后在画布中心绘制一个坐标为（150,150）的点。

```
function setup() {
    createCanvas(300, 300);
    background(200);
}
function draw() {
    point(150, 150);
}
```

使用肉眼分辨屏幕中的一个像素点非常困难。因此，试着再多写几个点并改变一下它们的参数，让它们处于同一条水平线或垂直线上，这样就能看得更清楚并且能更快地明白这个函数的意义。

例 2-3 线段——line 函数

line(x1,y1,x2,y2) 函数绘制线段需要 4 个参数，前两个参数定义线段起点坐标，后两个参数定义线段终点坐标。使用 line 函数绘制一条起点坐标为（80,400）、终点坐标为（400,100）的线段（效果图如图 2.1 所示）。

```
function setup() {
    createCanvas(600, 600);
    background(200);
}
function draw() {
    line(80, 450, 400,100);
}
```

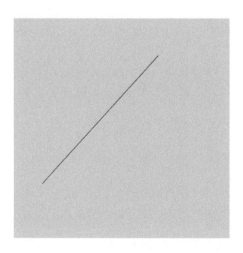

图 2.1

例 2-3 效果图

例 2-4 三角形与四边形——triangle 和 quad 函数

triangle(x1,y1,x2,y2,x3,y3) 函数绘制三角形需要 6 个参数，quad(x1,y1,x2,y2,x3,y3,x4,y4) 函数绘制四边形需要 8 个参数（每个顶点需要一对坐标参数）（效果图如图 2.2 所示）。

```
function setup() {
    createCanvas(500, 500);
    background(200);
```

```
    }
function draw() {
    quad(80, 95, 200, 220, 235, 420, 115, 300);
    quad(200, 220, 360, 120, 380, 300, 235, 420);
    triangle( 80, 95,200, 220, 360, 120);
    }
```

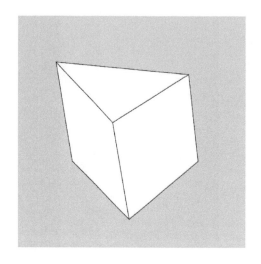

图 2.2
例 2-4 效果图

例 2-5　矩形——rect 函数

绘制矩形函数 rect(x,y,width,height) 是经常需要使用的一个函数，它需要 4
个参数，前两个参数定义矩形左上顶点位置，后两个参数分别定义矩形的宽度与
高度。本例使用 rect 函数创建了 3 个矩形（效果图如图 2.3 所示）。

```
function setup() {
    createCanvas(500, 150);
    background(200);
}
function draw() {
    rect(70, 40, 80, 40);   // 矩形 1
    rect(230, 40, 40, 80);  // 矩形 2
    rect(350, 40, 80, 80);  // 矩形 3
}
```

图 2.3

例 2-5 效果图

如果希望 rect 函数的前两个参数表示矩形的中心点坐标，那么可以使用 rectMode(CENTER) 函数将矩形起点位置设置为矩形的中心。运行以下代码，看看矩形的位置发生了什么变化。

```
function setup() {
    createCanvas(500, 150);
    background(200);
    rectMode(CENTER);
}
function draw() {
    rect(70, 40, 80, 40);
    rect(230, 40, 40, 80);
    rect(350, 40, 80, 80);
}
```

例 2-6 椭圆——ellipse 函数

绘制椭圆函数 ellipse(x,y,width,height) 与 rect 函数类似，前两个参数定义椭圆的圆心，后两个参数分别代表椭圆的宽度直径及高度直径（效果图如图 2.4 所示）。

```
function setup() {
    createCanvas(500, 150);
    background(200);
}
function draw() {
    ellipse(110, 70, 80, 50);
    ellipse(250, 70, 50, 80);
    ellipse(390, 70, 80, 80);
}
```

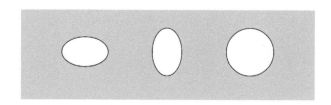

图 2.4

例 2-6 效果图

p5.js 中并没有用于绘制正方形或正圆形的函数。想要做出这两种形状可以使用 ellipse 或 rect 函数，并设置其宽度与高度参数值相等即可。

例 2-7   扇形——arc 函数

arc(x,y,width,height, start, stop) 函数可以绘制扇形。arc 函数共有 6 个参数，前 4 个的作用与椭圆一样，用于确定扇形的圆心位置和宽、高直径。第 5 个参数决定扇形的起始角度，第 6 个参数是扇形的结束角度（效果图如图 2.5 所示）。

```
function setup() {
    createCanvas(500, 150);
    background(200);
}
function draw() {
    arc(130, 70, 120, 60, 0, 3.14);
    arc(270, 70, 50, 80, 1.7, 2.6);
    arc(350, 70, 80, 80, 1, 5.3);
}
```

图 2.5

例 2-7 效果图

arc 函数的第 5 个和第 6 个参数采用弧度制计算。弧度是基于圆周率 PI 的测量值，图 2.6 展示了弧度与角度的关系。角度从 0° 至 360° 进行表述，而弧度则从 0 至大约 6.28。p5.js 给常用的 4 个弧度值赋予了特殊的名称：QUARTER_PI、HALF_PI、PI 和 TWO_PI 分别代表 45°、90°、180° 和 360° 的弧度值。

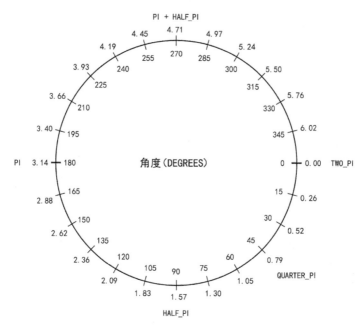

图 2.6

弧度与角度的关系

例 2-8　角度转换为弧度

如果习惯以角度为单位进行计算，可以使用 radians(angle) 函数将角度转换为弧度。本例与例 2-7 的效果一样，只不过加入了 radians 函数将角度转换为弧度。

```
function setup() {
    createCanvas(500, 150);
    background(200);
}
function draw() {
    arc(70, 70, 120, 60, 0, radians(45));
    arc(210, 70, 50, 80, radians(450), radians(225));
    arc(290, 70, 80, 80, radians(-45), radians(180));
```

```
    arc(410, 70, 60, 80, radians(45), radians(270));
}
```

例 2-9 贝塞尔曲线——bezier 函数

贝塞尔曲线由法国工程师皮埃尔·贝塞尔于 1962 年发明，该曲线用他的名字命名。最早，贝塞尔曲线用于汽车设计，后来广泛运用在工业设计领域和数字图形设计中。著名的 Photoshop 中的钢笔工具就是使用了贝塞尔曲线。p5.js 中，贝塞尔曲线由 4 个点定义，分别是起点、终点以及两个相互分离的控制点。移动两个控制点，贝塞尔曲线的形状会发生明显的变化。

贝塞尔曲线函数 bezier（x1,y1,cx1,cy1,cx2,cy2,x2,y2）包含 8 个参数，其中，x1,y1 与 x2,y2 定义起点和终点坐标；cx1,cy1 与 cx2,cy2 定义两个控制点坐标（效果图如图 2.7 所示）。

```
function setup() {
    createCanvas(300, 300);
    background(200);
}
function draw() {
    noFill();
    bezier(50, 200, 250, 300, 90, 50, 220, 90);
}
```

图 2.7
例 2-9 效果图

综上所述，所有绘图函数的使用方法与呈现效果如图 2.8 所示。

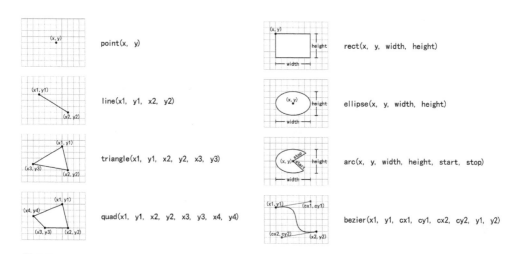

图 2.8

所有绘图函数的使用方法与呈现效果

2.3　自定义形状

除了简单的基本形状，还可以通过连接顶点的方式创建一些更有意思的形状。

例 2-10　星形

beginShape 函数表示开始创建自定义图形，vertex(x,y) 函数定义这个形状中每个顶点的坐标，最后写入 endShape 函数表示形状已经完成（效果图如图 2.9 所示）。

```
function setup() {
    createCanvas(200, 150);
    background(200);
    strokeWeight(3);
}
function draw() {
    beginShape(); // 自定义图形绘图开始
        vertex(115, 18);
        vertex(125, 50);
        vertex(180, 60);
        vertex(135, 80);
```

```
        vertex(140, 120);
        vertex(90, 90);
        vertex(40, 110);
        vertex(60, 75);
        vertex(20, 50);
        vertex(80, 45);
    endShape(); // 自定义图形绘图结束
}
```

图 2.9

例 2-10 效果图

例 2-11　闭合形状

例 2-10 的第一个顶点和最后一个顶点并没有连接上，可以在 endShape 函数括号中加入参数 CLOSE 实现闭合描边（效果图如图 2.10 所示）。

```
function setup() {
    createCanvas(200, 150);
    background(200);
    strokeWeight(3);
}
function draw() {
    beginShape();
        vertex(115, 18);
        vertex(125, 50);
        vertex(180, 60);
        vertex(135, 80);
        vertex(140, 120);
        vertex(90, 90);
```

```
    vertex(40, 110);
    vertex(60, 75);
    vertex(20, 50);
    vertex(80, 45);
  endShape(CLOSE); // 自定义图形绘图结束并闭合描边
}
```

图 2.10
例 2-11 效果图

例 2-12　画两只小动物

通过 beginShape、vertex 和 endShape 函数可以定制比较复杂的形状。本例是一个稍微复杂的示例。p5.js 不仅可以绘制一些基本形状，而且可以满足人们的想象力，绘制出非常有趣且复杂的图案（效果图如图 2.11 所示）。

```
function setup() {
    createCanvas(500, 150);
    background(0);
}
function draw() {
    // 左边的小动物
    fill(255);
    beginShape();
        vertex(125, 150);
        vertex(129, 100);
        vertex(110, 90);
        vertex(115, 80);
        vertex(130, 85);
        vertex(140, 10);
```

```
            vertex(147, 30);
            vertex(183, 32);
            vertex(190, 12);
            vertex(195, 90);
            vertex(210, 100);
            vertex(205, 110);
            vertex(195, 105);
            vertex(200, 150);
        endShape();
        fill(0);
        ellipse(153, 60, 6, 6);
        ellipse(176, 60, 6, 6);
        noFill();
        ellipse(164, 90, 10, 20);
        // 右边的小动物
        fill(255);
        beginShape();
            vertex(270, 150);
            vertex(270, 114);
            vertex(258, 110);
            vertex(260, 104);
            vertex(270, 105);
            vertex(270, 60);
            vertex(260, 50);
            vertex(270, 55);
            vertex(300, 55);
            vertex(320, 45);
            vertex(310, 55);
            vertex(320, 105);
            vertex(330, 100);
            vertex(335, 105);
            vertex(323, 113);
            vertex(325, 150);
        endShape();
        fill(0);
```

```
    ellipse(280, 80, 3, 7);
    ellipse(290, 80, 3, 7);
    noFill();
    arc(285, 90, 20, 20, radians(20), radians(90));
}
```

图 2.11

例 2-12 效果图

例 2-13　文字绘画

使用 textFont 函数可以设置绘制文字的字体，使用 textSize 函数可以设置绘制文字的字号，最后使用 text 函数将文字呈现在画布上（效果图如图 2.12 所示）。

```
function setup() {
    createCanvas(500, 150);
    textFont("Arial");
}
function draw() {
    background(120);
    textSize(32);
    text(" 你好，p5.js 的世界 ...", 25, 60);
    textSize(16);
    text(" 你好，p5.js 的世界 ...", 27, 90);
}
```

图 2.12

例 2-13 效果图

2.4 绘图顺序

当程序开始运行时，计算机是从第一行开始逐行读取代码的，因此图形也是按顺序进行绘制的。如果想将一个图形置于顶层，那么就得将它的代码写在最后。想象一下，你在做一幅拼贴画，最后贴上去的东西自然是位于顶层的（这一点和 Photoshop 中图层的原理类似）。

例 2-14 绘制顺序

本例中，线段位于顶层，因为它的代码被写在最后（效果图如图 2.13 所示）。

```
function setup() {
    createCanvas(500, 150);
    background(200);
}
function draw() {
    rect(280, -40, 130, 130);   // 矩形
    ellipse(280,70,100,100);   // 圆形
    line(100, 90, 430, 30);      // 线段
}
```

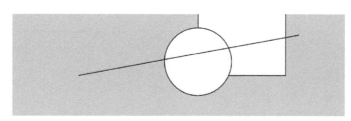

图 2.13
例 2-14 效果图

例 2-15 调换图形顺序

如果想将矩形放在画布的顶层而将线段置于底层，那么只需要调换 rect 函数与 line 函数这两行代码的位置即可（效果图如图 2.14 所示）。

```
function setup() {
    createCanvas(500, 150);
```

```
    background(200);
}
function draw() {
    line(100, 90, 430, 30);      // 线段
    ellipse(280,70,100,100);     // 圆形
    rect(280, -40, 130, 130);    // 矩形
}
```

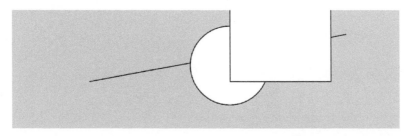

图 2.14

例 2-15 效果图

2.5　颜色填充

p5.js 使用 fill 函数（设置填充颜色）和 stroke 函数（设置描边颜色）改变形状的颜色，还可以使用 background 函数设置背景的填充颜色。

例 2-16　填充灰度颜色

fill 函数或者 stroke 函数写入一个参数表示用灰度颜色填充。灰度颜色的参数值范围为从 0 至 255，其中 255 是白色，128 是中灰色，0 是黑色（如图 2.15 所示）。

图 2.15

灰度颜色

在黑色背景上为 3 个矩形分别填充不同深度的灰色（效果图如图 2.16 所示）。

```
function setup() {
    createCanvas(600, 240);
    background(0);              // 黑色背景
}
function draw() {
    fill(220);                  // 填充浅灰色
    rect(120, 64, 200, 120);    // 浅灰色矩形
    fill(150);                  // 填充中灰色
    rect(240, -60, 400, 200);   // 中灰色矩形
    fill(90);                   // 填充深灰色
    rect(300, 100, 200, 200);   // 深灰色矩形
}
```

图 2.16

例 2-16 效果图

例 2-17　不填充与不描边

noStroke 函数设置图形不描边，noFill 函数设置图形不填充（效果图如图 2.17 所示）。

```
function setup() {
    createCanvas(600, 240);
    background(200);
}
function draw() {
    noStroke();                 // 取消描边
    fill(150);                  // 填充中灰色
    rect(120, 64, 200, 120);    // 无描边的矩形
```

```
    noFill();              // 取消填充
    stroke(0);             // 黑色边框
    rect(240, -60, 400, 200);  // 无填充的矩形
}
```

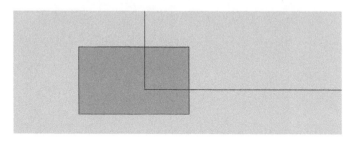

图 2.17

例 2-18 效果图

例 2-18　彩色 RGB 填充

填充灰度颜色仅需要一个参数值。如果想要填充彩色，就需要在 fill(r,g,b) 和 stroke(r,g,b) 函数中设置 3 个参数，即 RGB 参数值。它是人们常说的计算机三原色（红色 RED，绿色 GREEN，蓝色 BLUE），也是屏幕呈现颜色的默认模式。fill 函数和 stroke 函数的 3 个参数分别代表了红色、绿色和蓝色的数值，范围都是从 0 至 255。这 3 个参数同样可以用在 background 函数中进行背景颜色的设置（效果图如图 2.18 所示）。

```
function setup() {
    createCanvas(600, 240);
    background(0,10,60);     // 深蓝色背景
    noStroke();
}
function draw() {
    fill(255,0,0);            // 填充红色
    rect(120, 64, 200, 120);  // 红色矩形
    fill(0,255,0);            // 填充绿色
    rect(240, -60, 400, 200); // 绿色矩形
    fill(0,0,255);            // 填充蓝色
    rect(300, 100, 200, 200); // 蓝色矩形
}
```

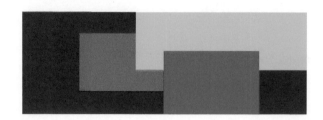

图 2.18

例 2-18 效果图

例 2-19 透明度

fill 函数或 stroke 函数添加第 4 个参数可以设置形状填充的透明度，参数值的范围是从 0 至 255。当值为 0 时，图形颜色为完全透明（不显示）；当值为 255 时，则没有任何透明效果。透明度的改变让颜色之间有了相互混合的可能（效果图如图 2.19 所示）。

```
function setup() {
    createCanvas(600, 240);
    background(200,200,250);      // 浅蓝色背景
    noStroke();
}
function draw() {
    fill(255,0,0,150);            // 填充红色，透明度为 150
    rect(120, 64, 200, 120);      // 红色矩形
    fill(0,255,0,150);            // 填充绿色，透明度为 150
    rect(240, -60, 400, 200);     // 绿色矩形
    fill(0,0,255,150);            // 填充蓝色，透明度为 150
    rect(300, 100, 200, 200);     // 蓝色矩形
}
```

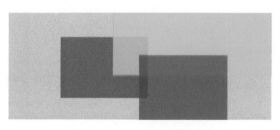

图 2.19

例 2-19 效果图

例 2-20　HSB 色彩显示模式

HSB 是一种从视觉感受角度定义颜色的模式。H、S、B 分别代表色相、饱和度、亮度。

色相 H（hue）：在 0° ～ 360° 的标准色环上，按照角度值标识颜色。例如，红色是 0°、橙色是 30°。

饱和度 S（saturation）：饱和度是指颜色的纯度，表示色相中彩色成分所占的比例，用从 0%（灰色）至 100%（完全饱和）的百分比来度量。

亮度 B（brightness）：亮度是颜色的明暗程度，通常用从 0%（黑）至 100%（白）的百分比来度量。

调用 HSB 色彩显示模式需要使用 colorMode(HSB, 360, 100, 100) 函数进行设置（效果图如图 2.20 所示）。

```
function setup() {
    createCanvas(500, 150);
    colorMode(HSB, 360, 100, 100);
}
function draw() {
    fill(0, 100, 100);          // 纯红色
    ellipse(60, 60, 80, 80);
    fill(0, 50, 100);           // 粉红色
    ellipse(180, 60, 80, 80);
    fill(240, 100, 100);        // 纯蓝色
    ellipse(300, 60, 80, 80);
    fill(240, 60, 70);          // 灰蓝色
    ellipse(420, 60, 80, 80);
}
```

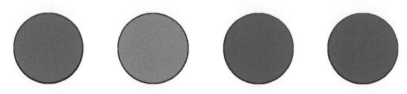

图 2.20
例 2-20 效果图

2.6 描边属性

除了设置图形的描边颜色，p5.js 还可以设置图形的描边像素尺寸、描边边角属性。

例 2-21　描边的宽度

p5.js 绘制的图形默认描边宽度为 1 像素，可以使用 strokeWeight(weight) 函数对描边宽度进行更改。此函数只有一个参数，表示图形描边的宽度（效果图如图 2.21 所示）。

```
function setup() {
    createCanvas(500, 150);
    background(200);
    rectMode(CENTER);
}
function draw() {
    strokeWeight(1);        // 边框宽度为 1 像素
    rect(135, 70, 80, 80);
    strokeWeight(6);        // 边框宽度为 6 像素
    rect(235, 70, 80, 80);
    strokeWeight(15);       // 边框宽度为 15 像素
    rect(335, 70, 80, 80);
}
```

图 2.21
例 2-21 效果图

例 2-22　设置描边边角属性

strokeCap(cap) 函数设置线段端点的形状，strokeJoin(join) 函数设置描边边角的形状（效果图如图 2.22 所示）。

```
function setup() {
    createCanvas(500, 150);
    background(200);
    strokeWeight(16);
}
function draw() {
    strokeCap(ROUND);       // 圆形端点
    line(60, 110, 130, 40);
    strokeCap(SQUARE);      // 方形端点
    line(140, 110, 210, 40);
    strokeJoin(BEVEL);      // 斜角
    rect(260, 35, 75, 75);
    strokeJoin(ROUND);      // 圆角
    rect(380, 35, 75, 75);
}
```

图 2.22
例 2-22 效果图

　　strokeCap 函数有 3 个可选参数，分别是 SQUARE（方形）、PROJECT（突出）和 ROUND（圆形），默认参数是 ROUND。strokeJoin 函数同样有 3 个可选参数，分别是 MITER（锯齿形）、BEVEL（斜切角）和 ROUND（圆角），默认参数是 MITER。设置描边属性函数后，所有绘制的形状的描边都会受到影响，直到在程序中重新进行设置。

　　综上所述，图 2.23 总结了本章重要的颜色填充和描边属性相关函数的使用方法与呈现效果。

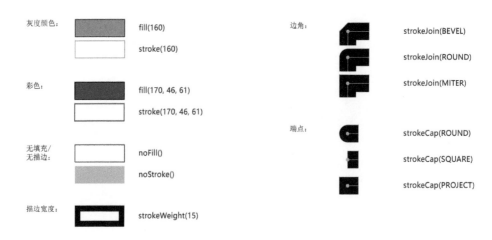

图 2.23

颜色填充和描边属性函数的总结

2.7 企鹅 01

本书使用如图 2.24 所示的这只小企鹅形象创建了很多示例。下面将绘制第一只企鹅，本示例涵盖了本章中学习的一些绘图功能。读者可以尝试对这个示例的参数进行修改。

图 2.24

小企鹅形象

示例代码如下：

```
function setup() {
```

```
  createCanvas(600, 600);
  background(200);
  rectMode(CENTER);
}
function draw() {
  // 两条腿
  noStroke();
  fill(255, 160, 45);
  ellipse(200, 525, 100, 50);
  ellipse(400, 525, 100, 50);
  // 身体
  fill(0);
  ellipse(150, 390, 60, 235);
  ellipse(450, 390, 60, 235);
  rect(300, 400, 300, 250);
  stroke(0);
  strokeWeight(300);
  line(300, 215, 300, 330);
  // 眼睛和肚皮
  fill(255);
  noStroke();
  ellipse(230, 220, 120, 120);
  ellipse(370, 220, 120, 120);
  ellipse(300, 395, 200, 220);
  // 眼球
  fill(0);
  ellipse(230, 220, 15, 15);
  ellipse(370, 220, 15, 15);
  // 嘴巴
  noStroke();
  fill(255,160,45);
```

```
    triangle(285, 250, 315, 250, 300, 275);
}
```

练习

1. 使用 p5.js 的基本图形绘制一只卡通小动物，并使用 HSB 色彩模式进行着色。

2. 尝试更改企鹅 01 的身体颜色和形状参数，做出不同风格的卡通企鹅。

《跃动》，倪家赫，2018 年 10 月

第 3 章
语 法

■ ■ ■

前几章的一些示例多次输入了相同的参数值，这个过程显得非常烦琐和冗余。可以使用变量来简化工作，本章主要介绍变量和语法。

3.1 了解变量

什么是变量？从名字就可以很容易地理解，变量就是可变的量值。变量在程序中可以多次使用，以避免过多的代码重复。它更重要的作用是，当想更改某个函数参数值时，使用变量会变得非常方便。

例 3-1 使用变量

绘制两个大小相同的矩形并将它们放置在同一条水平线上，将它们的纵坐标、长度和宽度使用变量表示（效果图如图 3.1 所示）。

```
var y = 75;
```

```
var w = 90;
var h = 90;
function setup() {
    createCanvas(500, 150);
    rectMode(CENTER);
    background(200);
}
function draw() {
    rect(128,y,w,h);
    rect(380,y,w,h);
}
```

图 3.1

例 3-1 效果图

例 3-2　改变数值

更改例 3-1 中变量 y、w 和 h 的数值，让两个矩形的大小和位置同时改变（效果图如图 3.2 所示）。

```
var y = 30;
var w = 45;
var h = 45;
function setup() {
    createCanvas(500, 150);
    rectMode(CENTER);
    background(200);
}
function draw() {
    rect(128,y,w,h);
```

```
    rect(380,y,w,h);
}
```

图 3.2

例 3-2 效果图

若不使用变量，则更改矩形的纵坐标需要更改两次，更改矩形的长度和宽度则需要更改 4 次。如果绘制非常多的矩形，将是一件非常麻烦的事情。程序中使用变量可以提高编写代码的效率，简化工作量的同时也让程序变得更容易理解。

3.2　创建变量

创建变量首先需要确定变量的名称和数值。建议起一个与变量信息相关的名字以方便之后管理代码。例如，想创建一个描述矩形横向位置的变量，取名为"rectX"比取名为"x"更清晰易懂。名称不需要太长，以免在使用过程中不容易记住。

由于 p5.js 基于 JavaScript 语言，因此定义变量的方法与 JavaScript 语言相同。首先，使用关键字 var 表示创建一个新变量，然后输入变量的名称，最后赋予它相应的变量值。例如：

var a; // 创建一个名字为 a 的变量
a = 100; // 给变量 a 赋值

根据 JavaScript 语法规则，也可以写得更简短：

var a = 100; // 创建 a 是变量，并给它赋值

只有在创建变量时前面才需要添加关键字 var。每输入一次 var，计算机就会默认开始创建一个新变量。因此，不允许有两个相同名字的变量被创建在同一

个程序当中。

```
var a; // 创建 a 是变量
var a = 100; // 程序出错！不允许有两个名字为 a 的变量
```

通常在 setup 函数或 draw 函数外创建的变量称为全局变量。这种变量可以在 setup 函数或 draw 函数内使用或重新赋值。在 setup 函数内创建的变量称为局部变量，它不能在 draw 函数内使用。

ECMAScript 6（JavaScript 的通行标准，简称 ES6）于 2015 年 6 月发布，它新增了关键字 let 用于声明变量。它的用法类似于 var，但是使用 let 创建的变量只在它所在的代码块内有效。简单来说，let 是为了弥补 var 的缺陷而设计出来的，它修复了 ES5 使用关键字 var 只有全局作用域和函数作用域而没有块作用域的问题。因此，可以说 let 是更严谨的 var。下面将修改例 3-1-1 来说明 var 与 let 的区别。

首先，将例 3-1 中创建变量 y 的语句，写在 draw 函数的第一行中并使用花括号括起来。

```
var w = 90;
var h = 90;
function setup() {
    createCanvas(500, 150);
    rectMode(CENTER);
    background(200);
}
function draw() {
    {
        var y = 75;
    }
    rect(128,y,w,h);
    rect(380,y,w,h);
```

程序运行后会发现，其效果与例 3-1 呈现的效果一样。也就是说，在花括号内使用 var 创建的变量在花括号外仍然起作用。

如果将创建变量的关键字 var 更改为 let，并将第一条绘制矩形的语句也写在 let 语句的花括号内，那么将会有不一样的结果出现。代码如下：

```
function setup() {
```

```
    createCanvas(500, 150);
    rectMode(CENTER);
    background(200);
  }
function draw() {
    {
      let y = 75;
      let w = 90;
      let h = 90;
      rect(128,y,w,h);
    }
    rect(380,y,w,h);
```

程序运行后会发现，画布上仅绘制了一个矩形（如图 3.3 所示）。

图 3.3
画布上仅绘制一个矩形

打开控制台（本章后面将会学习如何开启和使用浏览器控制台），将看到存在 "Uncaught ReferenceError: y is not defined" 错误，它的解释是：变量 y 没有被定义。由此可以看出，let 创建的变量是块作用域（花括号括起来的部分），仅在花括号内部允许使用该变量，而在花括号外部是无法使用该变量的。将程序再稍加修改，将 "let y=75; let w = 90; let h = 90;" 这几行语句写在花括号外面。代码如下：

```
function setup() {
    createCanvas(500, 150);
    rectMode(CENTER);
    background(200);
  }
```

```
function draw() {
    let y = 75;
    let w = 90;
    let h = 90;
    {
        rect(128,y,w,h);
    }
    rect(380,y,w,h);
}
```

程序运行后会发现，效果与例 3-1 呈现的效果一样，两个矩形都被绘制在画布上。因此，let 创建的变量不仅可以用于它的同级块作用域，而且在它的下一级块作用域中也可以使用。

本书后面的大部分示例都将使用 ES6 标准的关键字 let 创建变量，尤其在本章的 if 语句和 for 循环的学习过程中，使用 let 创建变量会使变量的使用场景更加合理。

3.3 变量类型

在 JavaScript 中，变量分为两种类型：基本数据类型和引用类型。基本数据类型包括：Undefined、Null、Boolean、Number 和 String。引用类型包括：对象、数组和函数。由于 JavaScript 中的变量被创建出来后可以保存任意类型的值，因此 p5.js 与 Processing 的变量类型有着非常大的区别。JavaScript 没有整型（int）和浮点型（float）的概念，Number 表示了所有数值类型的数据。关于引用类型，将在后面的章节予以介绍。

3.4 系统变量

p5.js 还包含很多系统变量，它们经常被使用。例如，例 3-3 直接使用名为 width 和 height 的系统变量，它们可以获取到画布的宽度值和高度值。

例 3-3　width 和 height 系统变量

系统变量不需要创建或赋值，width 和 height 系统变量会根据 createCanvas

函数中的参数来判断画布的尺寸，并自动进行赋值（效果图如图 3.4 所示）。

```
function setup() {
    createCanvas(500, 150);
    background(200);
    rectMode(CENTER);
}
function draw() {
    rect(width/4, height/2, width/3, height/3);  // 在 1/4 屏幕宽度的位置画一个 1/3 屏幕宽
度的矩形
    rect(width*3/4, height/2, width/3, height/3)  // 在 3/4 屏幕宽度的位置画一个 1/3 屏幕宽度的
矩形
}
```

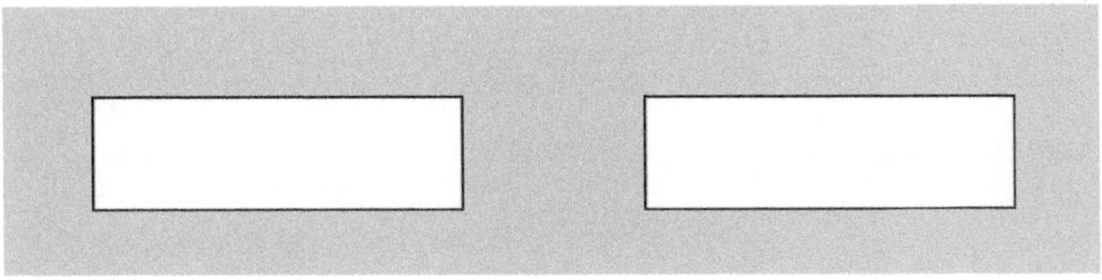

图 3.4
例 3-3 效果图

可以尝试改变 createCanvas 函数的参数来改变画布宽度和高度，然后重新刷新页面，看看会发生什么事情，这样可以更好地理解 width 和 height 系统变量。

例 3-4　帧速率与鼠标位置

帧速率（frameRate）和鼠标位置（mouseX,mouseY）也是常用到的系统变量。运行本例看看这几个系统变量的作用，尝试改变 frameRate 函数的参数，会获得不一样的效果（效果图如图 3.5 所示）。

```
function setup() {
    createCanvas(500, 150);
    //frameRate(5); // 每秒刷新 5 次
    frameRate(60); // 每秒刷新 60 次
    background(200);
}
function draw() {
```

```
    ellipse(mouseX,mouseY,50,50);
}
```

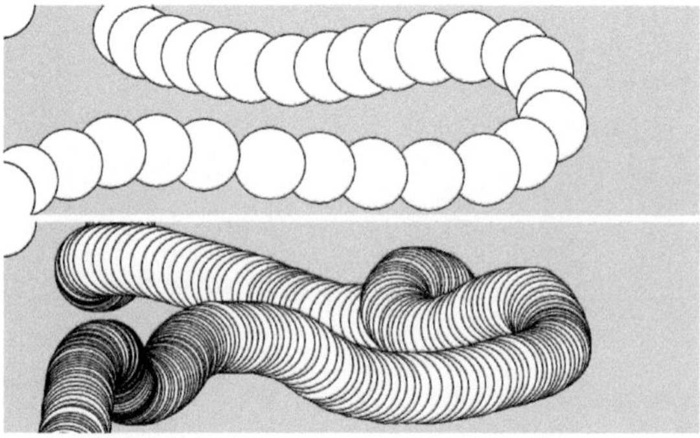

图 3.5
例 3-4 效果图

上面两张图分别是帧速率为 5 帧 / 秒和帧速率为 60 帧 / 秒时鼠标指针在画布上移动时所绘制的图形。帧速率越高，绘制的圆形越密集，整体感觉越流畅。

除此之外，p5.js 还有很多其他的系统变量，如键盘的相关操作等，这些变量会在后面的章节进行详细讲解。

3.5　简单运算

本书经常会提起关于数学的知识，很多读者对此感到非常费解，数学和编程难道是一回事？两者存在某种关系？确实，数学对于程序代码的编写和功能实现是非常有帮助的。

3.5.1　算术运算符

在程序编写中，加（+）、减（-）、乘（*）、除（/）称为算术运算符。当它们被放置在两个值或两个变量之间时，就会创建一组表达式。例如，"8 + 12"和"a-b"都是算术表达式。

例 3-5　基本算术运算

基本算术运算的示例代码如下（效果图如图 3.6 所示）：

```
let x = 50;
```

```
let y = 60;
let a = 20;
function setup() {
    createCanvas(500, 150);
    background(200);
}
function draw() {
    a = 20;
    ellipse(x, y, a, a);
    a = a + 10;
    ellipse(x*2, y, a, a);
    a = a + 10;
    ellipse(x*3, y, a, a);
    a = a + 10;
    ellipse(x*4, y, a, a);
    a = a + 10;
    ellipse(x*5, y, a, a);
    a = a + 10;
    ellipse(x*6, y, a, a);
    a = a + 10;
    ellipse(x*7, y, a, a);
}
```

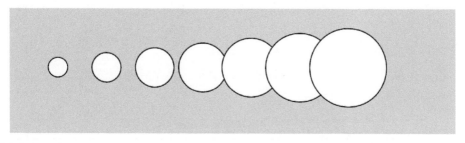

图 3.6

例 3-5 效果图

计算机在进行基本算术运算时，会遵循运算顺序规则，就像小学学习数学时也有"先乘除后加减"这句口诀一样。

let a = 6 + 2 * 5; // 先运算 2 乘以 5 再加 6，然后将运算结果赋给变量 a

在上面这行代码中，计算机会先运算 2*5，因为乘法比加法具有更高的优先级，然后再将 6 与 2*5 的结果相加得到 16，最后将运算出来的值赋给变量 a。下面这行代码加入了括号，结果就不一样了。

let a = (6 + 2) * 5; // 先运算 6+2，再乘以 5，最后将运算结果赋给变量 a

由于括号的优先级高于乘除法。如果想强制加减法先运算，那么只需要添加括号即可。在上面的代码中，首先运算括号内的 6+2，然后再将其乘以 5，得到 40 后将它赋给变量 a。总结一下，运算的优先级顺序如下：

括号 > 乘除 > 加减 > 赋值

编程过程中经常会使用一些快捷方式进行运算。例如，希望让变量自加 1 或者自减 1，可以使用 "++" 或 "--" 运算符执行此操作：

x++ 或 ++x 等同于 x = x + 1

y-- 或 --y 等同于 y = y – 1

x++ 或 ++x 虽然都是 x=x+1 的意思，但在赋值运算过程中的运算顺序有区别。++x 是先加后赋值，而 x++ 是先赋值后加。

如果自加的数值不是 1，而是别的数。也可以用以下写法进行运算：

x += 10 等同于 x = x + 10

y – = 10 等同于 y = y – 10

3.5.2 关系运算符

关系运算符非常重要，它常用于条件语句，并在后面章节的练习中经常用到。表 3.1 列举了 6 种关系运算符。

表 3.1 6 种关系运算符

关系运算符	描　述	示　例
<	小于	a<b
<=	小于等于	a<=b
>	大于	a>b
>=	大于等于	a>=b
==	等于	a==b
!=	不等于	a!=b

需要特别注意，关系运算符的等于并不是赋值的意思，它的作用是判断 a 是否等于 b，若 a 等于 b，则返回"真"（True），否则返回"假"（False）。另外，关系运算符的优先级低于算术运算符，但高于赋值运算符，即

$$算术运算符 > 关系运算符 > 赋值运算符$$

3.5.3　逻辑运算符

逻辑运算符在条件语句中经常出现，它包含了"与""或""非"三种逻辑，如表 3.2 所示。

表 3.2　逻辑运算符

逻辑运算符	描　述	说　明
&&	逻辑与	两个以上条件同时成立
||	逻辑或	两个以上任意一个条件成立
!	逻辑非	否定，不成立

下面举例说明这三种逻辑：

- 如果天气好，我去打篮球。
- 如果天气好"并且"篮球场有空位，我去打篮球。
- 如果天气好"或者"篮球场有空位，我去打篮球。
- 如果天气不好，我不去打篮球了。

分析上面的四句话，第一句话是一个单一条件，只要满足天气好这个条件，就去打篮球；第二句话是一个并列条件，天气好、篮球场有空位这两个条件必须同时满足才去打篮球；第三句话中只要两个条件满足一个就可以，就是说天气好但是篮球场没有空位，或者天气不好但是篮球场有空位都会去打篮球；第四句话是一个否定条件，天气不好就不去打篮球了。

3.6　条件语句

3.6.1　if 语句

条件语句可以让计算机根据代码中设定的条件选择执行相应的代码段。它是计算机程序中非常重要的部分。if 语句的基本结构如下：

```
if( 条件 ){
    执行运算 ;
}
```

if 后面的括号中放置条件。若条件为"真"，则执行花括号内的代码；若条件为"假"，则花括号内的代码不执行。在条件语句中，经常需要用到上一节学到的关系运算符和逻辑运算符。例如，"=="用于比较左右两侧的值是否相等，放在 if 语句里面的含义是：两侧的值是否相等？如果相等就执行花括号内的运算。因此，关系运算符和逻辑运算符经常会出现在 if 语句中。

例 3-6　if 语句

if 语句的示例代码如下（效果图如图 3.7 所示）：

```
let a=1;
function setup() {
    createCanvas(300, 300);
}
function draw() {
    if(a==1){
        fill(0);
        ellipse(150,150,200,200);
    }
}
```

图 3.7

例 3-6 效果图

本例创建了一个名为 a 的元素并赋值 1。用 if 语句进行判断，若 a 等于 1，则绘制一个黑色的圆。显然条件是满足的，因此在屏幕上绘制了一个黑色的圆。

3.6.2　else 语句

else 语句对 if 语句进行了扩展。如果 if 语句的条件为"假"，那么 else 语句中的代码将会执行。即"如果……，否则……"。

```
if( 条件 ) {
    执行运算 1;
}else{
    执行运算 2;
}
```

例 3-7　else 语句

为了更好地理解 else 语句的用法，本例在例 3-6 的基础上进行了修改，代码
如下（效果图如图 3.8 所示）：

```
let a=1;
function setup() {
    createCanvas(300, 300);
}
function draw() {
    if(a>1){
        fill(0);
        ellipse(150,150,200,200);
    }else{
        fill(255);
        ellipse(150,150,200,200);
    }
}
```

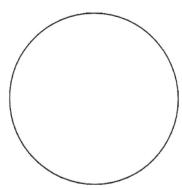

图 3.8

例 3-7 效果图

本例中，变量 a 的值还是 1。条件语句中，若变量 a 大于 1，则绘制黑色的圆，否则绘制白色的圆。显然变量 a 不大于 1，因此绘制了白色的圆。

程序中还可以设置更多的 if 和 else 结构（如图 3.9 所示），它们可以连接在一起，形成一个长序列。一个 if 语句也可以嵌入另一个 if 语句当中，进行更复杂的逻辑运算。

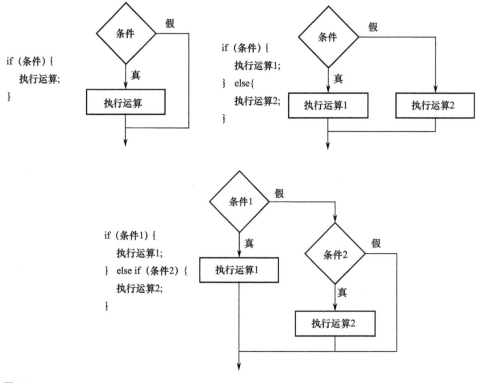

图 3.9

if、else 和 else if 结构

3.7 for 循环

根据创作需要，有时希望直接将单一图形的代码进行多次复制并放置在不同的位置。但是由于复制后的图形坐标或大小需要发生变化，因此代码中要做出大量的改变，倘若每一行代码都要去修改那就太麻烦了。例如，在例 3-5 中，在 draw 函数中输入了 7 行绘制椭圆的函数并分别设置了椭圆的 x 位置，显然这是

非常低效的方法。

对例 3-5 进行修改，使它看起来更容易明白一些，代码如下（效果图如图 3.10 所示）：

```
function setup() {
    createCanvas(500, 150);
    background(0);
}
function draw() {
    stroke(255);
    ellipse(50,60,20,20);
    ellipse(100,60,30,30);
    ellipse(150,60,40,40);
    ellipse(200,60,50,50);
    ellipse(250,60,60,60);
    ellipse(300,60,70,70);
    ellipse(350,60,80,80);
}
```

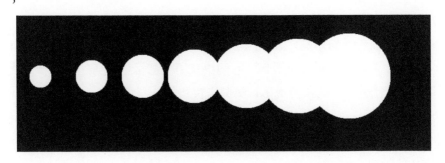

图 3.10

例 3-8 效果图

本例绘制了 7 个圆形。在 draw 函数中分别写入了 7 段代码来描述这些圆的位置和直径。无论是一行行编写还是复制、粘贴代码，编写过程都是一件非常枯燥乏味的事情。但是，使用 for 循环来完成这项工作，只需一行代码便能够多次执行并绘制出多个重复的图形。这个过程让程序看起来更加有秩序，修改起来也更方便。

例 3-9 使用 for 循环

本例的结果与例 3-8 相同，但是代码更加简洁明了。

```
function setup() {
 createCanvas(500, 150);
 background(0);
}
function draw() {
    let x=50;
    let d=20;
    stroke(255);
    for(let i=1; i<=7; i++){   // 将绘制椭圆函数进行循环
        ellipse(x, 60, d, d);
        x += 50;                // 每次循环时，椭圆的 x 坐标会增大
        d += 10;                // 每次循环时，椭圆的直径会增大
    }
}
```

可以看到，for 循环的基本结构如下：

```
for ( 变量初始化 ; 变量比较 ; 计数 ) {
绘制函数或运算 ;
}
```

相比于前面所学的知识，for 循环的结构好像不太一样。for 后面紧跟的圆括号中包含了 3 条用分号隔开的语句，它们决定了花括号中代码循环运行的次数。这 3 条语句依次被称为变量初始化、变量比较和计数。

首先，变量初始化会创建变量并进行初始化赋值。例 3-9 中，变量初始化创建的变量名称为 i 并赋值 1。这里的 i 并没有什么特殊的含义，也可以定义为 a、b、c 或其他单词。

然后，变量比较会判断此变量的当前值与比较值是否符合设定的条件，如果符合条件，那么执行花括号内的运算。例 3-9 中的变量比较是 "i <=7"，它是一个关系表达式，判断变量 i 的值是否小于等于 7，如果条件满足，那么执行绘制圆的函数及其他运算。

最后，每当执行完花括号内的运算，计数便会更改变量的值，之后再重复进行变量比较过程，让更新后的变量值与比较值再次进行比较。图 3.11 描述了 for 循环的执行过程。

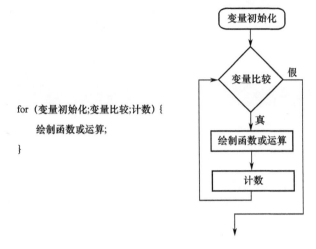

```
for (变量初始化;变量比较;计数) {
      绘制函数或运算;
}
```

图 3.11

for 循环的执行过程

例 3-10　快速更改参数

使用 for 循环最大的好处是能够快速更改代码参数并获得不一样的效果。它相比于一行行地更改参数显然在效率上会提高很多。在例 3-10 的基础上稍微改变一下代码，整个画面效果便截然不同（效果图如图 3.12 所示）：

```
function setup() {
 createCanvas(500, 150);
 background(0);
}
function draw() {
   let x=80;
   let d=100;
   stroke(255);
   for(let i=1; i<=15; i++){
       ellipse(x, 75, d, d);
       x += 30;
       d -= 8; // 椭圆直径每次循环后都会减小
   }
}
```

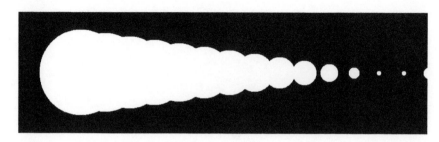

图 3.12

例 3-10 效果图

例 3-11　改变圆形的 y 轴位置

在例 3-9 的基础上修改一下代码，实现改变圆形的 y 轴位置（效果图如图 3.13 所示）：

```
function setup() {
  createCanvas(500, 150);
  background(0);
}
function draw() {
    let x=80;
    let d=60;
    stroke(255);
    for(let i=1; i<=15; i++){
        ellipse(x, 160/i, d, d);
        x += 30;
        d -= 6;
    }
}
```

图 3.13

例 3-11 效果图

例 3-12 双排

在例 3-9 的基础上修改一下代码，实现圆形的双排（效果图如图 3.14 所示）：

```
function setup() {
  createCanvas(500, 150);
  background(0);
}
function draw() {
    let x=50;
    let d=10;
    stroke(255);
    for(let i=1; i<=7; i++){
        ellipse(x, 40, d, d);
        ellipse(x, 105, 80-d, 80-d);
        x += 50;
        d += 10;
    }
}
```

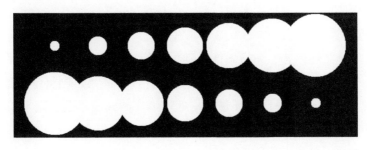

图 3.14

例 3-12 效果图

例 3-13 循环嵌套

当一个 for 循环中嵌入另一个循环时，重复的次数将成倍增长。写入下面的代码并运行查看效果（效果图如图 3.15 所示）。

```
function setup() {
    createCanvas(500, 160);
    background(255);
}
function draw() {
```

```
for (let y = 0; y <= height; y += 20) {
    for (let x = 0; x <= width; x += 20) {
        fill(255,80,80);
        rect(x, y, 18, 18);
    }
}
}
```

图 3.15

例 3-13 效果图

对于许多重复的视觉效果，例 3-13 的两次 for 循环嵌套方法无疑是一个不错的选择。当使用 for 循环嵌套时，只有内层的 for 循环结束后，才会跳转到外层循环进行运算。例如，在例 3-13 中，先执行 y 层 for 循环，若 y 满足条件则执行 x 层的 for 循环，若 x 满足条件，则再执行矩形的绘制。矩形绘制完成后，首先进行 x 的递增，然后判断 x 是否满足条件，若满足，则将继续绘制矩形，若不满足，则会跳回上一层循环进行 y 的递增，并判断 y 是否满足条件，若满足，则将重新进入 x 层循环，若不满足，则所有循环结束。for 循环嵌套的执行过程如图 3.16 所示。

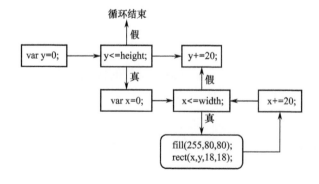

图 3.16

for 循环嵌套的执行过程

本书后面的图片处理章节会使用这种方法遍历整个屏幕像素点的位置。因此，尝试理解 for 循环嵌套并使用这种方法发挥想象力做出更多有意思的图形。

例 3-14 交错的圆

示例代码如下（效果图如图 3.17 所示）：

```
function setup() {
    createCanvas(500, 160);
    background(255);
    noFill();
}
function draw() {
    for (let y = 0; y <= height; y += 20) {
        for (let x = 0; x <= width; x += 20) {
            ellipse(x, y, 60, 60);
        }
    }
}
```

图 3.17

例 3-14 效果图

例 3-15 渐变

本例对例 3-13 进行了扩展，运行后移动鼠标指针观看变化（效果图如图 3.18 所示）。

```
let boxWidth=9;
let boxHeight=9;
function setup() {
    createCanvas(600, 600);
    background(0);
}
```

```
function draw() {
    noStroke();
    for(let x=0; x<60; x++){
        for(let y=0; y<60; y++){
            fill(mouseX/60*x, mouseY/60*y, 100); // 鼠标指针的 x 和 y 位置将影响填充颜色的
红色和绿色通道
            rect(x*10, y*10, boxWidth, boxHeight);
        }
    }
}
```

图 3.18

例 3-15 效果图

例 3-16　随机变换的矩形

本例使用 for 循环创建的每个矩形都会进行颜色和形状的随机变换。这里使用了 random 随机函数，在后面的章节将会对该函数进行详细介绍。

示例代码如下（效果图如图 3.19 所示）：

```
function setup() {
    createCanvas(500, 500);
    background(0);
    rectMode(CENTER);
    colorMode(HSB,360,100,100);
```

```
}
function draw() {
    for(let x=0; x<550; x+=50){
        for(let y=0; y<550; y+=50){
            stroke(random(360),100,100);        //HSB 色彩显示模式，随机色相设置描边颜色
            fill(random(360),100,100);          //HSB 色彩显示模式，随机色相设置填充颜色
            rect(x,y,random(50),random(50));  // 绘制随机大小的矩形
        }
    }
}
```

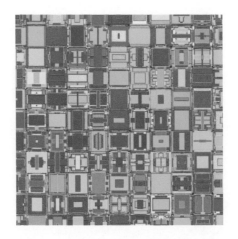

图 3.19

例 3-16 效果图

例 3-17　随机变换的自定义图形

　　上一章中学习过自定义图形。本例将使用三层 for 循环嵌套和自定义图形创作出非常有意思的图案（效果图如图 3.20 所示）。

```
function setup() {
    createCanvas(800, 800);
    background(0);
    noStroke();
    for(let x=0; x<800; x+=100){
        for(let y=0; y<800; y+=100){
            fill(255,random(120),random(120));// 绿色和蓝色通道随机填充橘红颜色
```

```
        rect(x,y,100,100);                    // 绘制 64 个偏橘红的底层矩形
        fill(random(120),random(120),255);    // 红色和绿色通道随机填充蓝紫色
        beginShape();                          // 使用自定义图形绘制包含 500 个随机顶点
的蓝紫色形状
        for(let a=0;a<500;a++){
            vertex(x+random(100),y+random(100));
        }
        endShape(CLOSE);
        }
    }
}
function draw() {
}
```

图 3.20

例 3-17 效果图

3.8 setup 和 draw 函数

第 1 章简单介绍了 setup 和 draw 函数，本节将详细讲解它们的工作原理。
程序运行后，setup 函数中的内容只执行一次，而 draw 函数中的内容会循环地执
行，draw 函数内的代码会从第一行开始，从上至下执行，然后一直重复，直到
关闭浏览器窗口退出程序。每次循环执行，都称为一帧（默认帧速率为 60 帧 / 秒，
也就是说，每秒运行 60 次 draw 函数中的内容）。

3.9 控制台

浏览器一般都会带有内置控制台，用于调试程序并帮助排除故障。以下是一些常见浏览器打开控制台的操作方法：

- Chrome 浏览器可从顶部菜单中选择"查看→更多工具→开发者工具"。

- Firefox 浏览器可从顶部菜单中选择"工具→ Web 开发人员→ Web 控制台"。

- Safari 浏览器需要先启用控制台功能。首先从顶部菜单中选择"偏好设置"，在高级选项中勾选"在菜单栏中显示开发菜单"，然后会发现浏览器程序菜单里多出了"开发"这个菜单，单击"开发"菜单，并选择"显示 JavaScript 控制台"。

- IE 浏览器可按 F12 键弹出开发人员工具。

开启控制台后，能看到浏览器的底部或侧边有一个框（如图 3.21 所示）。若程序编写有误，则控制台中会弹出红色字体提示哪里出了问题。有时可能看不懂它的含义，但它的右侧通常会标注在哪个文件的第几行出现了错误。

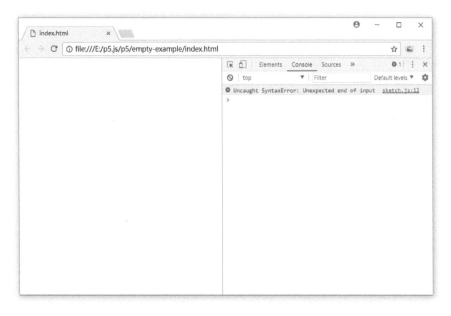

图 3.21

控制台显示错误的视图（外观和布局会根据使用的浏览器而有所不同）

3.10 注释

前面很多例子都使用过双斜杠（//）添加代码注释。程序在运行时，双斜杠后面的文字计算机是会自动忽略的，所以在双斜杠后面可以随意编写任何字符。通常双斜杠的作用是对重要代码行进行含义注释，这么做非常有利于编写程序，尤其是在代码很长的情况下，它能够快速、有效地帮助非代码作者理解代码编写的过程和含义。

```
function setup() {
 createCanvas(200, 200);
}
function draw() {
 background(200);
 fill(255, 0, 0); // 进行红色填充
 ellipse(100, 100, 80, 80);
}
```

注释还有另一个好处，当想禁用其中一行代码但又暂时不想删除它时，可以直接在这一行的开头加入双斜杠。若想重新启用这一行代码，则只需要将双斜杠删除或者移至另一行代码前面即可。

```
function setup() {
 createCanvas(200, 200);
}
function draw() {
 background(200);
 fill(255, 255, 0); // 进行黄色填充
 //fill(255, 0, 0);
 ellipse(100, 100, 80, 80);
}
```

3.11 映射

map 映射函数在本书后面的章节是一个使用频率非常高的函数，它的作用是将某一区间当中的值映射到另一个区间上。例如，想要实现在 640 像素宽度的

画布中通过鼠标指针 x 轴的位置改变画布背景灰度值的效果，就可以使用 map 函数来实现。mouseX 值的取值范围为从 0 至 640，而 p5.js 灰度颜色阈值为从 0 至 255。因此，使用 map 函数能将 mouseX 的值从 0 至 640 区间映射到 0 至 255 区间。

例 3-18　map 函数

使用 map 函数将 mouseX 变量从 0 至 640 区间映射到 0 至 255 区间。

```
function setup() {
    createCanvas(640, 240);
}
function draw() {
    let gray = map(mouseX, 0, 640, 0, 255); // 将鼠标指针的 x 值从 0 至 640 区间映射到 0 至 255 区间，并赋给变量 gray
    background(gray);
}
```

程序运行后，鼠标指针从画布左侧移动到画布右侧的过程中，背景颜色从黑色至白色渐变。

map(value,Min,Max,newMin,newMax) 函数可以将变量从一个数值范围映射到另一个数值范围，它有 5 个参数，第一个参数是将要转换的变量，第二个和第三个参数是该变量原本区间的最低值和最高值，第四个和第五个参数是该变量映射后区间的最低值与最高值。在例 3-18 中，map 函数将 mouseX 的值从 0 至 640 区间映射到 0 至 255 区间，然后赋给变量 gray，程序通过变量 gray 改变背景颜色。

使用 map 函数映射看起来更直观，也是最常用的方法。但是，还是希望读者能够理解映射函数的原理，尝试着用公式实现映射，可能对映射函数会有更深入的认识。

例 3-19　映射公式

区间映射也称数据的规范化，它有很多种方法，本书采用最小至最大规范化方法。设原始数值 x 在区间 Min 至 Max 中，将其映射到 newMin 至 newMax 区间并赋值给 y。有如下公式：

$$y=(x-Min)*(newMax-newMin)/(Max-Min)+newMin$$

这个公式的原始数值必须在原数据值域内，否则映射后的数值也不会在新的数据值域内。尝试使用映射公式完成例 3-18 的效果。

```
let Min=0;
let Max=640;
let newMin=0;
let newMax=255;
function setup() {
    createCanvas(640, 240);
}
function draw() {
    let gray = (mouseX-Min)*(newMax-newMin)/(Max-Min)+newMin;
    background(gray);
}
```

3.12 企鹅 02

本例引入了变量，所以代码看起来会比企鹅 01 更复杂。但实际上，修改起来要容易得多，因为代码顶部的变量组控制着企鹅身体的一些细节：绘制位置、企鹅身高和眼睛大小。例如，想修改企鹅的身高，只需要改变变量 body 的数值。在图 3.22 中，可以看到企鹅的 4 种变化，4 组参数与绘画结果相对应。

y=0
body=225
eye=120

y=100
body=400
eye=60

y=120
body=480
eye=220

y=90
body=80
eye=100

图 3.22

企鹅的 4 种变化

```
let x = 0;        // x 坐标
let y = 0;        // y 坐标
let body=255;  // 身高
let eye =120;   // 眼睛大小

function setup() {
 createCanvas(400, 700);
 background(200);
}

function draw() {
  // 两条腿
  noStroke();
  fill(255, 160, 45);
  ellipse(x+100, y+body+350, 100, 50);
  ellipse(x+300, y+body+350, 100, 50);

  // 身体
  fill(0);
  ellipse(x+50, y+440, 60, 235);
  ellipse(x+350, y+440, 60, 235);
  rect(x+50, y+350, 300, body);
  stroke(0);
  strokeWeight(300);
  line(x+200, y+265, x+200, y+380);

  // 眼睛和肚皮
  fill(255);
  noStroke();
  ellipse(x+130, y+270, eye, eye);
  ellipse(x+270, y+270, eye, eye);
  ellipse(x+200, y+445, 200, 200);

  // 眼球
  fill(0);
```

```
ellipse(x+130, y+270, eye/5, eye/5);
ellipse(x+270, y+270, eye/5, eye/5);

// 嘴巴
noStroke();
fill(255, 160, 45);
triangle(x+185, y+300, x+215, y+300, x+200, y+325);
}
```

练习

1. 使用 for 循环语句编写代码实现下图的效果。

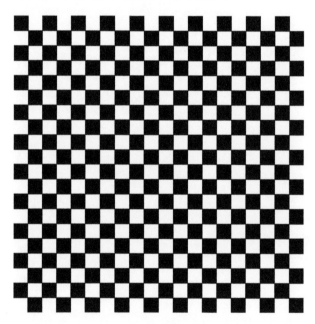

2. 理解变量的概念，并使用变量控制第 2 章练习 1 制作的卡通小动物的颜色。

《孔雀屏开》，倪家赫，2019 年 1 月

第 4 章
响应互动

■ ■ ■

响应互动是指计算机程序监听输入设备发送的指令并给予反馈。本章主要学习 p5.js 最常用的响应互动形式——鼠标和键盘事件。

程序必须处于持续运行的状态才可以通过鼠标、键盘或者其他输入设备进行响应互动。前面章节提到过关于 setup 和 draw 函数的基本用法，在程序运行过程中只有 draw 函数是一直刷新的。因此，鼠标和键盘事件建议放在 draw 函数内实现，保证每一帧都可以监听到来自鼠标或键盘的指令。还有一种情况是，将要执行的代码写在鼠标或键盘的系统函数中，这种方法在后面的示例中也会用到。

4.1 鼠标响应

例 4-1 鼠标响应 01

将例 1-2 进行修改，由于 draw 函数内的代码会一直循环执行，系统变量 mouseX 和 mouseY 的值会根据鼠标指针当前位置的坐标而变化，使线上的一点会一直跟随鼠标指针移动（效果图如图 4.1 所示）。

```
function setup() {
    createCanvas(500, 500);
    background(0);
}
function draw() {
    stroke(255);
    line(mouseX, mouseY, 250, 250);
}
```

图 4.1

例 4-1 效果图

　　draw 函数内的代码每执行一次，程序就会在画布上绘制一条直线，它的顶点是鼠标指针当前位置，终点是画布中心位置。通过移动鼠标指针可以看到，直线的顶点会跟随鼠标指针进行移动。

例 4-2　鼠标响应 02

　　本例在 draw 函数的第一行写入了 background 函数。将 background 函数写在 draw 函数的第一行会清除画布前一帧的所有绘图内容，因此屏幕上只会显示最新绘制的一条线（效果图如图 4.2 所示）。

```
function setup() {
    createCanvas(500, 500);
}
function draw() {
    background(0);
```

```
    stroke(255);
    line(mouseX, mouseY, 250, 250);
}
```

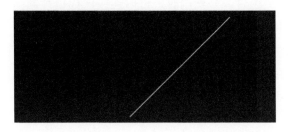

图 4.2

例 4-2 效果图

例 4-3　鼠标响应 03

将例 4-2 进行修改，为 background 函数添加第二个参数——透明度。尝试实现不一样的效果（效果图如图 4.3 所示）。

```
function setup() {
    createCanvas(500, 500);
}
function draw() {
    background(0, 2);
    stroke(255);
    line(mouseX, mouseY, 250, 250);
}
```

图 4.3

例 4-3 效果图

系统变量 pmouseX 和 pmouseY 会记录鼠标指针前一帧的位置。当它们与变量 mouseX、mouseY 组合在一使用时，可以连接鼠标指针当前与前一帧的位置，绘制一些连续不间断的图形（效果图如图 4.4 所示）。

```
function setup() {
    createCanvas(500, 150);
    background(0);
    strokeWeight(10);
}
function draw() {
    stroke(255,80,80);
    line(mouseX, mouseY, pmouseX, pmouseY);
}
```

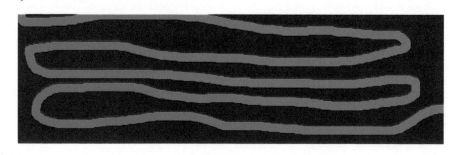

图 4.4

例 4-4 效果图

例 4-5　缓动算法

想象一下现实世界中打开抽屉的情景，拉抽屉的一瞬间速度会很快，然后慢下来，直到停止。真实世界中，物体的移动会有一定节奏，并不是一直保持匀速运动。为了使图形的移动看起来更自然和流畅，可以在程序中加入缓动算法，让运动的图形效果看起来更自然、真实。

缓动算法（easing）的原理是让当前数值缓慢地接近既定的目标数值，而不是立即赋予目标数值。示例代码如下（效果图如图 4.5 所示）：

```
let x = 0;
let y = 0;
```

```
let easing = 0.05;
function setup() {
    createCanvas(600, 600);
    background(200);
}
function draw() {
    let targetX = mouseX;
    let targetY = mouseY;
    x += (targetX - x) * easing;// 图形由 x 点缓慢向 targetX 点移动
    y += (targetY - y) * easing;// 图形由 y 点缓慢向 targetY 点移动
    ellipse(x, y, 30, 30);
}
```

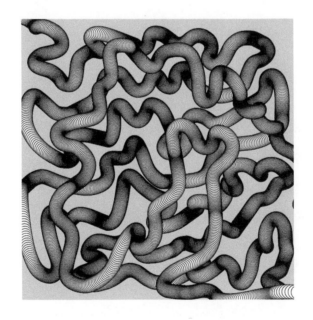

图 4.5

例 4-5 效果图

因为有了缓动算法，所以变量 x 和 y 的值总是会越来越接近 targetX 和 targetY。移动鼠标时，圆形会缓慢跟随鼠标指针移动。停止移动鼠标时，圆形会缓慢接近鼠标指针停止的点。easing 数值的范围是从 0 至 1，越小越会导致更多的延迟，圆形移动到鼠标指针位置的时间也会越长。当 easing 的数值为 1 时，移动没有延迟，圆形一直跟随鼠标指针运动。图 4.6 显示了不同 easing 数值时圆形移动到鼠标指针位置的效果。

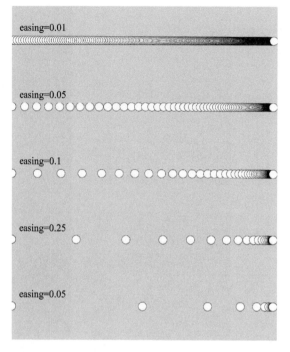

图 4.6

不同 easing 数值呈现的效果

　　缓动算法生成的效果经常会出现在网页的元件动态效果上，尤其是一些弹动效果。使用 JavaScript 实现缓动效果，最简单的方法就是使用 jQuery Easing 缓动插件。

4.2　鼠标单击

　　除了获取鼠标指针的位置，p5.js 还可以检测鼠标按键是否被按下，系统变量 mouseIs Pressed 可以获取鼠标单击状态。当鼠标按键被按下时，系统变量 mouseIsPressed 的值为"真"，而当鼠标按键被抬起后，系统变量 mouseIsPressed 的值为"假"。

例 4-6　系统变量 mouseIsPressed

　　系统变量 mouseIsPressed 通常与 if 语句一起使用，判断用户是否按下了鼠标。如果返回的是"真"，那么将执行 if 语句中的代码。示例代码如下（效果图如图 4.7 所示）：

```
function setup() {
    createCanvas(240, 120);
    noStroke();
}
function draw() {
    background(200);
    fill(255);
    if (mouseIsPressed == true) {// 若鼠标按键被按下，则将颜色设定为黑色
        fill(0);
    }
    ellipse(120, 60, 80, 80);
}
```

图 4.7

例 4-6 效果图

不执行任何操作时，圆形图案显示为白色。当鼠标按键被按下时，圆形图案显示为黑色。

4.3　键盘响应

p5.js 还可以监测键盘状态。与 mouseIsPressed 一样，当键盘按键被按下时，系统变量 keyIsPressed 的值为"真"，当键盘按键被抬起后，keyIsPressed 的值为"假"。

例 4-7　按下键盘按键

本例实现按下键盘中的任意按键，程序将绘制第二个圆（效果图如图 4.8 所示）。

```
function setup() {
    createCanvas(240, 120);
    noFill();
}
```

```
    }
function draw() {
    background(200);
    ellipse(90, 60, 80, 80);
    if (keyIsPressed) { // 若按下键盘中的任意键，则绘制第二个圆
        ellipse(150, 60, 80, 80);
    }
}
```

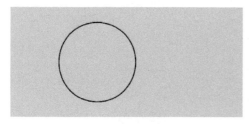 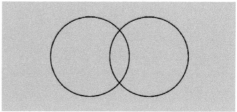

图 4.8

例 4-7 效果图

例 4-8　指定按键

系统变量 key 与系统变量 keyIsPressed 不同，key 可以获取键盘上某个按键的值。使用键盘上的字母"T"和"E"做个测试，加入 if 语句，按下特定键并观察屏幕上画面的变化（效果图如图 4.9 所示）。

```
function setup() {
    createCanvas(300, 300);
    fill(255);
    background(0);
}
function draw() {
    if (keyIsPressed) {
        if ((key == 't') || (key == 'T')) { // 若监测按下 t 键或者 T 键，则执行 if 中的运算
            background(0);
            triangle(150,30,30,270,270,270);
        }
        if ((key == 'e') || (key == 'E')) { // 若监测按下 e 键或者 E 键，则执行 if 中的运算
            background(0);
```

```
        ellipse(150, 150, 250, 250);
      }
    }
}
```

图 4.9
例 4-8 效果图

考虑到字母的大小写区别，因此用 "||" 符号把字母大小写两个条件放到一起。在学习语法时学习过 "||" 符号的含义，本例第一个 if 语句所表达的意思是：若按下 t 键或 T 键，则清空画布后绘制一个三角形。

例 4-9　使用箭头键移动

除了使用系统变量 key 获取特定的键盘字母，还可以使用系统变量 keyCode 判断按下的按键键码。例如，按键 "左箭头" 的按键键码是 37，按键 "上箭头" 的按键键码是 38。以下代码设置了如何检测键盘的上、下、左、右按键，并通过移动的矩形在画布上绘制图形（效果图如图 4.10 所示，关于更多的按键键码的对照可以在互联网上查找到）。

```
let x = 200;
let y = 60;
function setup() {
    createCanvas(500, 150);
}
function draw() {
    if (keyIsPressed) {
        if(keyCode == 37) { // 若按下 "左箭头" 键，则 x 递减
```

```
        x-=2;
    }
    else if(keyCode == 39) { // 若按下 "右箭头" 键，则 x 递增
        x+=2;
    }
    else if(keyCode == 38) { // 若按下 "上箭头" 键，则 y 递减
        y-=2;
    }
    else if(keyCode == 40) { // 若按下 "下箭头" 键，则 y 递增
        y+=2;
    }
}
rect(x, y, 50, 50);
}
```

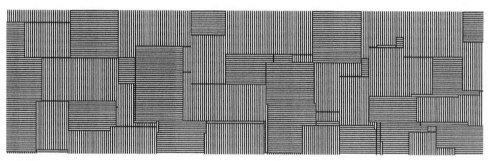

图 4.10

例 4-9 效果图

4.4　企鹅 03

　　本例程序依然使用了企鹅 02 中引入的变量（参见 3.12 节），并在其基础上做了一些新的改变，让变量随着 mouseX 和 mouseIsPressed 的变化而变化。如此一来，就可以用鼠标与企鹅互动了。

　　mouseX 的值利用缓动算法来控制企鹅的位置，这使得每一帧的衔接更自然，效果看起来更舒服。此外，按下鼠标按键时，body 和 eye 的值会发生改变，企鹅会变高，眼睛也会变小（效果图如图 4.11 所示）。

图 4.11

用鼠标与企鹅互动

```
let x = 0;                        // x 坐标
let y = 250;                      // y 坐标
let body = 225;                   // 身高
let eye = 120;                    // 眼睛大小
let easing = 0.1;

function setup() {
   createCanvas(700, 700);
}

function draw() {
   let targetX = mouseX;
   x += (targetX - x) * easing;   // 使用缓动函数控制企鹅的 x 位置

   if (mouseIsPressed) {          // 当鼠标按键被按下时，改变身体的高度和眼睛的大小
      body = 300;
      eye = 60;
   } else {
      body = 225;
      eye = 120;
   }

   background(200);
   // 两条腿
   noStroke();
   fill(255, 160, 45);
```

```
    ellipse(x-100, y+body, 100, 50);
    ellipse(x+100, y+body, 100, 50);

    // 身体
    fill(0);
    ellipse(x-150, y+90, 60, 235);
    ellipse(x+150, y+90, 60, 235);
    rect(x-150, y, 300, body);
    stroke(0);
    strokeWeight(300);
    line(x, y-85, x, y+30);

    // 眼睛和肚皮
    fill(255);
    noStroke();
    ellipse(x-70, y-80, eye, eye);
    ellipse(x+70, y-80, eye, eye);
    ellipse(x, y+95, 200, 200);

    // 眼球
    fill(0);
    ellipse(x-70, y-80, eye/5, eye/5);
    ellipse(x+70, y-80, eye/5, eye/5);

    // 嘴巴
    noStroke();
    fill(255, 160, 45);
    triangle(x-15, y-50, x+15, y-50, x, y-25);
}
```

练习

1. 设置按下键盘的"R""G""B"按键后，将例 4-4 中的描边填充颜色更改为红色、绿色或者蓝色。

2. 使用缓动算法制作一个跟随鼠标指针移动的自定义图形。

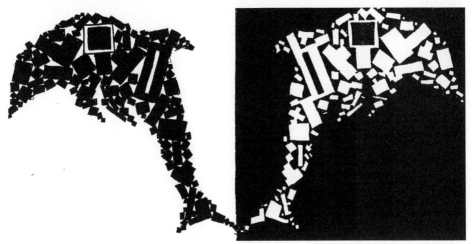

《双翼》，任柏洺，2018 年 12 月

第 5 章
运动和几何变换

∎ ∎ ∎

屏幕上的动画是如何产生的？这个问题的答案是学习动画或数字媒体艺术设计类专业的学生必须需要知道并且理解的。尝试画一幅图，之后再画一幅稍微不同的图，然后再画一幅与上一幅相似的图，以此类推。将这些图像叠在一起并快速地翻看，会发现一部动画产生了。因此，流畅的运动是由视觉的持久性变换产生的。当一组相似的图像以足够快的速度呈现时，大脑就会将这些图像转换成运动的影像。为了创建平滑的运动图像，p5.js 在 draw 函数中以每秒 60 帧的刷新速度运行代码。也就是说，p5.js 的图像每秒钟变换 60 次。

5.1 移动

本节通过线性改变物体像素坐标的位置来获得图像移动的效果。

例 5-1 图像移动

本例通过更新变量 x 使圆形从屏幕左边移动到屏幕右边（效果图如图 5.1 所示）。

```
let x =0;
let speed = 0.5;
function setup() {
    createCanvas(500, 150);
}
function draw() {
    background(120);
    x += speed;
    ellipse(x, 60, 50, 50);
}
```

图 5.1

例 5-1 效果图

运行一段时间后，变量 x 的值会大于窗口的宽度，圆形最终消失。

例 5-2　重复环绕

本例在例 5-1 的基础上实现了圆形消失后重新回到屏幕左边的效果（效果图如图 5.2 所示）。

```
let x = -50;
let d= 50;
let speed = 0.5;
function setup() {
    createCanvas(500, 150);
}
function draw() {
    background(120);
    x += speed;
    if(x>width+d/2){
        x=-d/2;
    }
    ellipse(x, 60, d, d);
}
```

图 5.2

例 5-2 效果图

观察结果会发现，当圆形的左边缘移出了屏幕，圆形才真正消失。因此，每次运行 draw 函数的代码都会检测 x 的数值（圆心）是否超过了屏幕宽度加圆形自身半径之和的数值，如果超过该数值就将 x 的数值设置为屏幕的左边缘减去形状半径的数值。通过上述方法可以使圆形移出屏幕右侧后重新从屏幕左侧进入屏幕并向右侧移动，工作原理如图 5.3 所示。

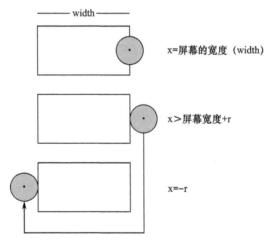

图 5.3

圆形重复环绕工作原理

这种重复环绕的运动方式可以有多种做法，读者做完这个示例后也可以尝试用别的方法实现。

例 5-3　反弹

将例 5-1 进行扩展，使圆形碰到屏幕边缘时可以改变运动方向形成反弹的效果。例 5-1 和例 5-2 都创建了速度变量 speed，速度是一个有大小和方向的矢量，speed 值的正负代表了圆形运动的方向。因此，通过颠倒 speed 的正负值可以实现圆形在屏幕上的反弹效果。

```
let x = 51;
let speed = 0.5;
let d = 50;
function setup() {
    createCanvas(500, 150);
}
function draw() {
    background(120);
    x += speed
    if((x > width-d/2) || (x < d/2)){
        speed = - speed;
    }
    ellipse(x, 60, d, d);
}
```

5.2 旋转

学习图形的旋转原理前，需要先了解三角函数。本书并不是一本学习数学知识的书籍，但是一些简单的数学原理还是希望读者能够理解。本节将运用简单的三角函数知识让图形进行旋转运动。

首先，了解一下正弦曲线和余弦曲线的形状，正余弦曲线是做图形旋转的基础。

例 5-4 正弦曲线

本例展示了正弦值与角度的关系（效果图如图 5.4 所示）。

```
let angle = 0.0;
function setup() {
    createCanvas(360, 240);
    smooth();
}
function draw() {
    let sinVal = sin(radians(angle));  //sin 和 cos 函数的参数都使用弧度计算，因此需要使用
radians 函数将角度转换为弧度
    sinVal = map(sinVal, -1, 1, 0, 360/PI);
    point(angle,sinVal);
```

```
    if(angle<360){
        angle += 1;
    }
}
```

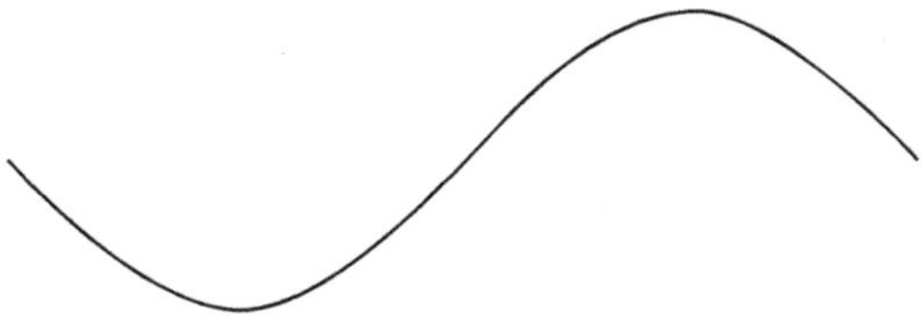

图 5.4

例 5-4 效果图

　　p5.js 的 sin 和 cos 函数返回指定角度的正弦或余弦数值，该数值在 -1 至 1 之间。为了能够将图形表现出来，sin 和 cos 函数返回的浮点值通常要乘以较大的值进行区间放大，或者使用 map 函数将 -1 至 1 区间的数值映射到使用的数值区间。

例 5-5　余弦曲线

本例展示了余弦曲线（效果图如图 5.5 所示）。

```
let angle = 0.0;
function setup() {
    createCanvas(720, 240);
    smooth();
}
function draw() {
    let cosVal = cos(radians(angle));
    cosVal = map(cosVal, -1, 1, 0, 360/PI);
    ellipse(angle,cosVal,20,20);
    if(angle<720){
        angle += 5;
    }
}
```

图 5.5

示例 5-5 效果图

看到了正弦曲线和余弦曲线的图像，会发现它们和印象中的图像是相反的。这是因为在直角坐标系中，y 轴的正方向朝上，而屏幕坐标系中 y 轴的正方向朝下，所以绘制出来的正、余弦曲线在 y 方向上是翻转的。

理解正余弦函数后，就可以尝试实现圆周运动了。想让图像绕着某一点旋转，需要使用三角函数找到圆周上某一点与原点的关系（如图 5.6 所示）。

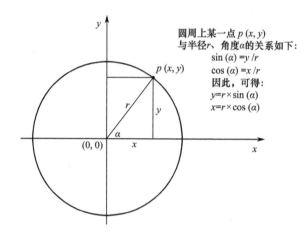

图 5.6
圆周上某一点的坐标与半径和角度的关系

例 5-6　圆周运动

根据图 5.6，使用 sin 和 cos 函数可以表达出以 r 为半径的圆周上任意一点位置与角度的关系。圆周上某一点与原点坐标连线所形成夹角的 cos 数值乘以半径可获得这点的 x 坐标，而该夹角 sin 数值乘以半径可获得这点的 y 坐标。如果将夹角数值增大或减小，那么可以得到一个在圆周上运动的坐标点。用坐标点 (x, y) 替换例 4-3 中的鼠标指针位置，在尝试将圆的半径递减，可以呈现出奇妙的效果。

示例代码如下（效果图如图 5.7 所示）：

```
let angle = 0.0;
let r = 200;
function setup(){
    createCanvas(600, 600);
    background(220);
}
```

```
function draw(){
    stroke(255-angle);
    let x = width/2 + cos(angle) * (r-angle);
    let y = height/2 + sin(angle) * (r-angle);
    line(width/2, height/2, x, y);
    angle += 0.01;
}
```

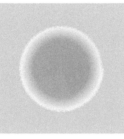

图 5.7

例 5-6 效果图

5.3　随机

　　计算机程序通过参数的线性变化可以进行匀速的平移或旋转，但是真实世界的运动通常是不规则的。例如，一片从树上飘落到地上的树叶或者在石子路上颠簸行驶的汽车，它们的运动具有随机性。p5.js 可以通过产生随机数值模拟现实世界不可预测的行为，random 函数和 noise 函数可以生成这些数值。

例 5-7　random 函数生成随机数值

　　下面几行简短的代码可以输出随机数值并打印在控制台上（如图 5.8 所示），输出范围是从 0 至 10 的浮点数。

```
function setup() {
}
function draw() {
    let r = random(0, 10);  //0 至 10 的随机数
    print(r);
}
```

random 函数可以设置一个或两个参数。仅有一个参数的情况，随机取从 0 至这个参数之间的任意浮点数值。有两个参数的情况，随机取这两个参数之间的任意浮点数值。

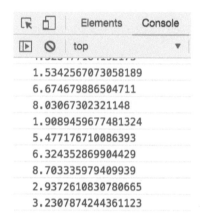

图 5.8

例 5-7 浏览器控制台输出

例 5-8　随机线条

结合三角函数知识，使用直线绘制一个中心在屏幕中点，半径呈随机分布的图形（效果图如图 5.9 所示）。

```
function setup() {
    createCanvas(600, 600);
    colorMode(HSB,360,100,100,1);
    for(let angle=0; angle<360; angle+=0.2){  // 每隔 0.2 度绘制一条颜色随机、终点距屏幕
中心的距离随机的直线
        stroke(random(360),100,100);
        let r = random(100,280);
        let x = width/2 + cos(radians(angle)) * r;
        let y = height/2 + sin(radians(angle)) * r;
        line(300,300,x,y);
    }
}
function draw() {
}
```

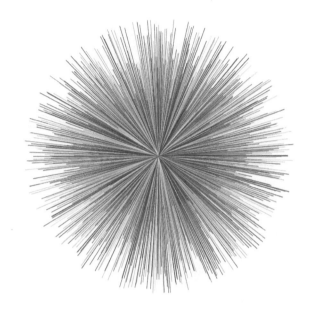

图 5.9

例 5-8 效果图

例 5-9　随机移动的形状

　　draw 函数每次运行都会随机改变圆形的位置。由于没有使用 brackground 函数刷新背景，因此随机运动的圆形都会留在画布上（效果图如图 5.10 所示）。

```
let speed = 3;
let d= 50;
let x;
let y;
function setup() {
    createCanvas(480,480);
    x = width/2;
    y = height/2;
    background(120);
}
function draw() {
    x += random(-speed, speed);
    y += random(-speed, speed);
    ellipse(x, y, d, d);
}
```

图 5.10

例 5-9 效果图

例 5-10　用鼠标绘制随机移动的形状

在例 5-9 的基础上加入鼠标单击事件，当鼠标指针移动到画布上的某个位置并单击鼠标左键，在鼠标指针位置四周绘制随机圆形（效果图如图 5.11 所示）。

```
let speed = 3;
let d = 50;
let x;
let y;
function setup() {
    createCanvas(480,480);
    background(120);
}
function draw() {
    if (mouseIsPressed == true) { // 鼠标按键被按下时，绘制随机运动的圆形
        x = mouseX+random(-speed, speed);
        y = mouseY+random(-speed, speed);
        ellipse(x, y, d, d);
    }
}
```

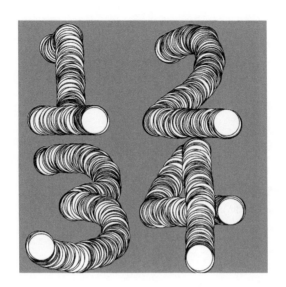

图 5.11

例 5-10 效果图

例 5-11　使用 constrain 函数将随机数限制在画布内

如果例 5-9 运行的时间足够长，圆形可能绘制到画布外面并且再也回不来了。因此，需要添加一些限制条件或者使用 constrain 函数将位置变量限定在特定的范围内。本例使用 constrain 函数将圆形的 x 和 y 坐标保持在画布边界内。constrain(value, min, max) 函数有 3 个参数，第一个参数是需要限制数值的变量，第二个和第三个参数是限制该变量的最小值和最大值。示例代码如下（效果图如图 5.12 所示）：

```
let speed = 3;
let d = 50;
let x;
let y;
let c=0;
function setup() {
    createCanvas(480,480);
    x = width/2;
    y = height/2;
    colorMode(HSB,360,100,100,1);
}
```

```
function draw() {
    c+=0.1;              // 使变量 c 线性递增
    if(c>360){           // 将变量 c 的值保持在 0 至 360 区间内
        c=0;
    }
    noStroke();
    fill(c,100,100,0.5);   // 填充一个按照色环渐变的颜色
    x += random(-speed, speed);
    y += random(-speed, speed);
    x = constrain(x, 0, width);
    y = constrain(y, 0, height);
    ellipse(x, y, d, d);
}
```

图 5.12

例 5-11 效果图

除了使用 random 函数生成随机数值，还有另一个函数也可以生成随机数值——noise 函数。为了说明 random 函数与 noise 函数的区别，绘制一个使用 random 和 noise 函数在同等 x 轴坐标值偏移的情况下，随机 y 轴坐标值所形成的图形。

例 5-12　random 和 noise 函数

首先创建 random 随机图形。

let x=0;

```
function setup() {
    createCanvas(480,240);
}
function draw() {
    x++;
    ellipse(x,random(0,240),5,5);
}
```

然后，再创建 noise 随机图形。

```
let x=0;
let ty=0;
function setup() {
    createCanvas(480,240);
}
function draw() {
    x++;
    let ny=noise(ty);
    ny = map(ny,0,1,0,240);
    ty+=0.01;
    ellipse(x,ny,5,5);
}
```

图 5.13 左图为 random 函数呈现的图形，右图为 noise 函数呈现的图形。可以很清晰地看出，random 函数图中的小圆呈分散状态分布，而 noise 函数呈现的图形线更加平滑且具有一定规律性。

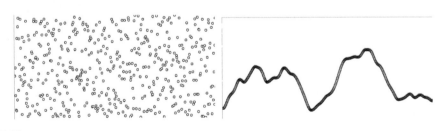

图 5.13

random 函数和 noise 函数呈现的图形

noise 函数也称噪波函数，其算法称为 "Perlin Noise"。它是一种随机序列，与 random 函数相比，它产生的随机数值更自然且有序。该算法是 Ken Perlin 在

20 世纪 80 年代初期发明的，经常用于在图形应用程序中生成自然纹理、形状和地形。noise 函数形成的噪波图形非常像音频信号，类似于物理学中谐波的概念。例 5-12 中创建了一个变量 ty，当程序执行后，ty 的值持续增大，在增大的过程中使用 noise 函数产生随机序列数。p5.js 官方文档建议增量值为 0.005 至 0.03，但具体还要根据使用情况来确定。noise 函数根据所给的参数可以生成一维、二维和三维噪波，其值从 0 至 1 随机分布。因此，noise 函数经常与 map 函数一起使用，目的是将 noise 函数随机出的 0 至 1 的数值映射到需要的数值区间中。

例 5-13　噪波随机线条

修改例 5-8 的代码，将之前的 random 随机函数改为 noise 随机函数（效果图如图 5.14 所示）。

```
let t=0;
let r=100;
let x;
let y;
let angle = 0;
let c = 0;
function setup() {
    createCanvas(600, 600);
    colorMode(HSB,360,100,100,1);
}
function draw() {
    c+=0.1;
    if(c>360){
        c=0;
    }
    r = noise(t);
    r = map(r,0,1,100,300);
    t+=0.01;
    stroke(c,100,100,0.5);
    x = width/2 + cos(angle) * r;
    y = height/2 + sin(angle) * r;
    line(300,300,x,y);
```

```
        angle+=0.002;
    }
```

图 5.14

例 5-13 效果图

例 5-14　二维噪波生成烟雾纹理

使用二维噪波函数，生成 x, y 方向上平滑过渡的颜色数值（效果图如图 5.15 所示）。

```
let t = 0.02;
function setup() {
    createCanvas(480,480);
}
function draw() {
    background(0);
    let tx=0;
    for(let x=0; x<width;x++){
        let ty=0;
        for(let y=0; y<height; y++){
            let c = noise(tx,ty)*255;    // 根据 tx 和 ty 创建噪波随机数值
            ty += t;                     //y 轴方向 ty 持续增大
            stroke(c);
            point(x,y);
        }
```

```
        tx += t; //x 轴方向 tx 持续增大
    }
}
```

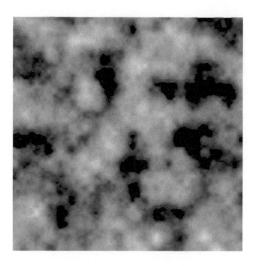

图 5.15

例 5-14 效果图

例 5-15　三维噪波

在例 5-14 的基础上加入 noise 函数的第三个参数，使生成的二维噪波纹理随着时间的递增，色彩区域有规律地变化（效果图如图 5.16 所示）。

```
let t = 0.05;
let tz=0;
function setup() {
    createCanvas(480,480);
    noStroke();
    colorMode(HSB,360,100,100);
}
function draw() {
    background(0);
    let tx=100;
    for(let x=0; x<width;x+=10){
        let ty=100;
        for(let y=0; y<height; y+=10){
            //noise 函数增加了第三个参数 tz，使得某一位置的颜色可以根据时间的增长而
```

进行平滑的随机变化

```
            let c = noise(tx,ty,tz)*60;
            ty +=t;
            fill(c,100,100);
            rect(x,y,map(c,0,60,0,15),map(c,0,60,0,15));
        }
        tx += t;
        tz += 0.0005;
    }
}
```

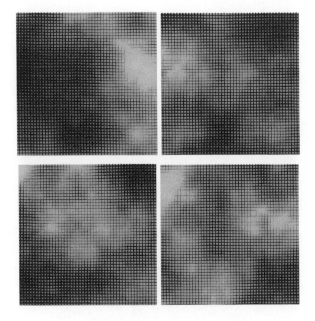

图 5.16

例 5-15 效果图

例 5-16　噪波绘图

在例 5-9 的基础上进行修改，使用 noise 函数改变圆形的移动方向和尺寸，在画布上绘制随机的艺术图形（效果图如图 5.17 所示）。

```
let tx=0;
let ty=0;
let tz=0;
let nx;
```

```
let ny;
let nz=10;
function setup() {
    createCanvas(600,600);
    noStroke();
    nx = random(600);
    ny = random(600);
}
function draw() {
    fill(random(255),120,120,100);
    nx=noise(tx);
    ny=noise(ty);
    nz=noise(tz);
    nx = map(nx,0,1,0,width);
    ny = map(ny,0,1,0,width);
    nz = map(nz,0,1,10,100);
    tx+=0.011;
    ty+=0.01;
    tz+=0.01;
    ellipse(constrain(nx,0,width),constrain(ny,0,height),nz,nz);
}
```

图 5.17

例 5-16 效果图

5.4 平移函数 translate

想要移动一个物体有多种方法，前几节通过更改图形自身位置坐标的方法实现了移动，本节将学习如何使用变换函数更改整个画布的坐标系位置来完成图形平移的效果。通过修改坐标系位置，除了可以实现平移，还可以对图形进行旋转和缩放等图形变换。由于平移函数 translate 非常直观，因此从它开始学习。如图 5.18 所示，translate 函数可以让坐标系位置上、下、左、右移动。

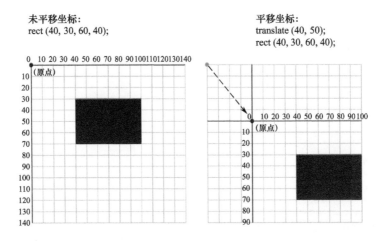

图 5.18

平移坐标系

未平移坐标系位置的矩形在坐标 (40,30) 处绘制。使用 translate 函数后画布的整体坐标系会根据 translate 的参数改变。虽然矩形的绘制坐标还是 (40,30)，但是由于画布坐标系的位置变了，因此矩形的位置也会跟着变化。

例 5-17 矩形平移

将例 4-9 进行修改，使用 translate 函数移动画布坐标系原点至 x、y 的位置，并在原点（0，0）位置绘制矩形。示例代码如下（效果图如图 5.19 所示）：

```
let x = 200;
let y = 60;
function setup() {
    createCanvas(500, 150);
}
```

```
function draw() {
    if (keyIsPressed) {
        if(keyCode == 37) {        // 若按下箭头左键，则 x 递减
            x-=2;
        }
        else if(keyCode == 39) {  // 若按下箭头右键，则 x 递增
            x+=2;
        }
        else if(keyCode == 38) {  // 若按下键盘上键，则 y 递减
            y-=2;
        }
        else if(keyCode == 40) {  // 若按下箭头下键，则 y 递增
            y+=2;
        }
    }
    translate(x,y);
    rect(0, 0, 50, 50);
}
```

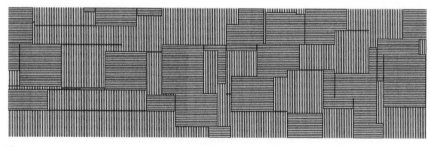

图 5.19

例 5-17 效果图

虽然例 5-17 与例 4-9 的效果好像没有任何区别，但它们实现的原理却不一样。例 4-9 将变化的变量 x、y 作为矩形绘制的位置参数，而例 5-17 将画布坐标原点设置为 x、y，矩形始终绘制在画布坐标原点的位置。

5.5 旋转函数 rotate

rotate 函数可以旋转整体画布坐标系，rotate 函数的参数用于设置旋转角度，该参数也是以弧度制进行计算的，如图 5.20 所示。

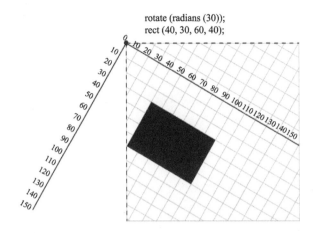

图 5.20
旋转坐标系

例 5-18 旋转

绘制旋转的图形，首先编写 rotate 函数设置旋转角度，然后再编写图形绘制函数。本例的旋转角度是一个变量，因此可以看到一个一直在做旋转运动的矩形（效果图如图 5.21 所示）。

```
let a=0;
function setup() {
    createCanvas(300, 300);
    background(0);
}
function draw() {
    a++;
    rotate(radians(a));
    rect(0, 0, 150, 150);
}
```

图 5.21
例 5-18 效果图

例 5-19 画布中心旋转

例 5-18 中的矩形一直围绕着画布坐标原点进行旋转（矩形左上角为画布坐标原点）。在本例中，首先使用 translate 函数将画布坐标原点移动到画布中心再执行 rotate 函数（效果图如图 5.22 所示）。

```
let a=0;
function setup() {
    createCanvas(300, 300);
```

```
    background(0);
  }
  function draw() {
    a++;
    translate(150,150); // 将坐标原点移动到画布中心
    rotate(radians(a)); // 进行旋转
    rect(0, 0, 150, 150);
  }
```

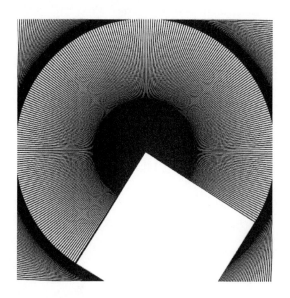

图 5.22

例 5-19 效果图

　　先移动坐标系，还是先旋转坐标系？这两个函数的编写顺序不同，所呈现的效果是截然不同的，尝试着颠倒 translate 函数和 rotate 函数的编写顺序来创建不一样的艺术图形。

5.6　缩放

　　scale 函数可以拉伸画布的坐标密度，图形会随着坐标密度的变化而缩放。将 scale 函数的参数值设置为 3，相当于放大坐标系的 300%；参数值设置为 0.5，相当于缩小坐标系的 50%。图 5.23 显示了这一过程。

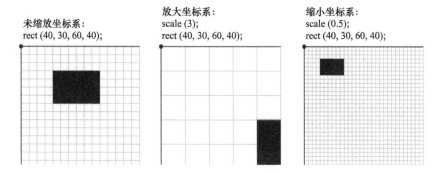

图 5.23

缩放坐标系

例 5-20 缩放

本例使用 map 函数，将鼠标指针的 y 轴坐标数值从 0 至 300 区间映射到 0
至 2 区间，然后赋给 scale 函数的参数。绘制的矩形会根据鼠标指针 y 轴的位置
进行从 0% 至 200% 的放大（效果图如图 5.24 所示）。

```
function setup() {
    createCanvas(300, 300);
    rectMode(CENTER);
    background(0);
}
function draw() {
    translate(150, 150);
    scale(map(mouseY,0,300,0,2));
    rect(0, 0, 60, 60);
}
```

图 5.24

例 5-20 效果图

例 5-21 平移、旋转和缩放

如果在项目中同时出现了平移、旋转和缩放函数，那么需要注意它们的编写
顺序。通常都是先平移，然后才是旋转和缩放。示例代码如下（效果图如图 5.25
所示）：

```
let a=0;
function setup() {
```

```
    createCanvas(600, 600);
    background(0);
}
function draw() {
    a+=0.1;
    translate(mouseX,mouseY);
    rotate(a);
    scale(map(mouseX,0,600,0,1));
    rect(0, 0, 100, 100);
}
```

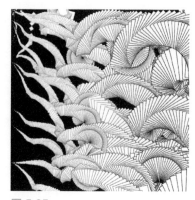

图 5.25
例 5-21 效果图

5.7　push 和 pop 函数

如果希望将一些几何变换函数隔离开，不让前面的几何变换函数对后面的图形产生影响，那么可以使用 push 和 pop 函数实现。当 push 函数运行时，它会保存当前坐标系和绘图样式，在 pop 函数运行后再恢复回去。在某些项目中，有些图形需要变换，而有些图形不需要变换，使用 push 和 pop 函数就能完成这个效果。

例 5-22　push 和 pop 函数的使用

本例中，矩形围绕中心旋转，而圆形固定在画布中心进行缩放（效果图如图 5.26 所示）。

```
let a=0;
function setup() {
 createCanvas(500, 500);
 background(255);
}
function draw() {
 background(255,10);
 a+=0.3;
 noFill();
 push(); // 围绕中心旋转的矩形
  stroke(0);
  translate(250,250);
```

```
  rotate(a);
  translate(-100,-100);
  rect(0,0,250,250);
 pop();
 push(); // 随机缩放的圆形
  stroke(0,60);
  translate(250,250);
  scale(random(7));
  ellipse(0,0,30,30);
 pop();
}
```

图 5.26

例 5-22 效果图

push 函数和 pop 函数总是在一起使用，每个 push 函数都需要一个 pop 函数结尾。

5.8　企鹅 04

本书的很多示例都使用了可爱的小企鹅形象。最开始是使用直角坐标系设计的这个企鹅角色，坐标原点在画布的中心（如图 5.27 所示）。最初考虑到它是一只会移动的企鹅，所以使用 translate 函数平移整体坐标系，就不再需要将移动的数值添加到每个绘图函数中。

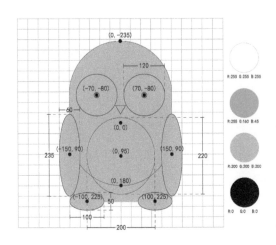

图 5.27

卡通企鹅设计稿

本例中，企鹅的中心点一直跟随鼠标指针标移动，rotate 函数让企鹅一直处于旋转状态，scale 函数用于设置企鹅的尺寸，未单击鼠标时，企鹅尺寸设置为 60%，当单击鼠标时，企鹅尺寸变为 100%（效果图如图 5.28 所示）。

```
let angle=0.0;
function setup() {
 createCanvas(600,600);
 rectMode(CENTER);
}
function draw() {
 background(200);
 translate(mouseX, mouseY); // 移动坐标系至 (mouseX, mouseY)
 rotate(angle);
 angle+=0.05;
if (mouseIsPressed) {
 scale(1.0); // 单击鼠标时，企鹅尺寸设置为 100%
} else {
 scale(0.6); // 未单击鼠标时，企鹅尺寸设置为 60%
}
  // 两条腿
  noStroke();
  fill(255,160,45);
  ellipse(-100,225,100,50);
  ellipse(100,225,100,50);

  // 身体
  fill(0);
  ellipse(-150,90,60,235);
  ellipse(150,90,60,235);
  rect(0,100,300,250);
  stroke(0);
  strokeWeight(300);
  line(0, -85, 0, 30);

  // 眼睛和肚皮
  fill(255);
```

```
noStroke();
ellipse(-70,-80,120,120);
ellipse(70,-80,120,120);
ellipse(0,95,200,220);

// 眼球
fill(0);
ellipse(-70,-80,15,15);
ellipse(70,-80,15,15);

// 嘴巴
noStroke();
fill(255,160,45);
triangle(-15,-50,15,-50,0,-25);
}
```

图 5.28
企鹅 04

练习

1. 使用 translate 函数、rotate 函数和 noise 函数，实现一个随机移动和随机旋转的正方形。

2. 使用 push 函数和 pop 函数控制 3 个不同矩形的旋转速度。

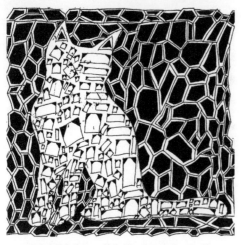

《冰封灵魂》，唐宇昂，2018 年 11 月

第 6 章
函数和对象

■ ■ ■

6.1 函数

函数是 p5.js 程序的基本组成部分，它们出现在每个示例当中。例如，经常使用的 createCanvas 函数可以创建画布，rect 函数可以绘制方形，fill 函数可以进行颜色填充等，这些都称为系统函数。另外，创建自定义函数对绘制一些复杂的形状或执行某些系统函数不具备的功能是非常有必要的。例如，绘制本书经常出现的小企鹅就可以事先编写绘制企鹅的代码并放入自定义的 Penguin 函数中，然后调用 Penguin 函数绘制很多只企鹅。本章将展示如何编写新的函数来扩展 p5.js 的功能。

函数的功能通常是模块化的，是独立的一些单元并用于构建更复杂的程序系统。如同我的世界（Minecraft）这款游戏，每种类型的小方块都服务于特定的模型搭建，并且创建复杂的模型需要将不同的部分组合在一起使用，这些模型的真正用途是可以用同一组元素构建出许多不同的形式，这些形式具有一些相同的属性，但形态略有不同。

一旦创建了函数，函数内的代码就不需要重复编写。计算机每次运行一个函数时都会跳转到创建函数的地方并执行函数内的代码，然后再跳回到运行函数的位置。

例 6-1　会变色的方块

本例创建一个名为 colorRect 的函数说明使用函数的重要性及其过程。当程序启动时，它会在 setup 函数中运行一次。

```
function setup() {
    createCanvas(300,300);
    colorRect(random(255),random(255),random(255)); // 调用 colorRect 函数，并给其传递参数
}
function draw() {
}
function colorRect(cRed,cGreen,cBlue){
    fill(cRed,cGreen,cBlue);
    rect(0,0,width,height);
}
```

colorRect 函数中的两行代码分别是设置填充颜色和绘制矩形。

参数传递是函数的一个重要部分，因为其具有很强的灵活性。colorRect 函数中的参数（cRed，cGreen 和 cBlue）都是每次运行函数时创建的变量并用于函数内部的计算。在 setup 函数中运行 colorRect 函数时，会随机生成 3 个参数，并传递到 colorRect 函数内进行计算。

例 6-2　会变色的方块（另一种方法）

如果程序中没有创建 colorRect 函数，在 setup 函数中编写代码也可以实现例 6-1 的效果。

```
function setup() {
    createCanvas(300,300);
    fill(random(255),random(255),random(255));
    rect(0,0,width,height);
}
function draw() {
}
```

例 6-1 创建了 colorRect 函数，使得代码更易阅读和维护，程序中函数的名称清楚地说明了它的目的。而例 6-2 虽然实现了相同的功能并且代码更短，但是 setup 函数中编写的 random 函数及其他函数，使读者并不能很好地理解它执行的目的。这个示例仅仅是画一个矩形，而在之后的示例中会出现绘制很多重复图案的情况，那时如果使用自定义函数，那么代码数量将会减少很多。

例 6-3　绘制企鹅

删除 5.8 节中的鼠标跟随和旋转功能，编写绘制企鹅的基础代码并进行整理（效果图如图 6.1 所示）。

```
function setup() {
    createCanvas(600,600);
    background(200);
    rectMode(CENTER);
}
function draw() {
    translate(300,300);
    // 两条腿
    noStroke();
    fill(255,160,45);
    ellipse(-100,225,100,50);
    ellipse(100,225,100,50);

    // 身体
    fill(0);
    ellipse(-150,90,60,235);
    ellipse(150,90,60,235);
    rect(0,100,300,250);
    stroke(0);
    strokeWeight(300);
    line(0, -85, 0, 30);

    // 眼睛和肚皮
    fill(255);
    noStroke();
```

```
    ellipse(-70,-80,120,120);
    ellipse(70,-80,120,120);
    ellipse(0,95,200,220);

    // 眼球
    fill(0);
    ellipse(-70,-80,15,15);
    ellipse(70,-80,15,15);

    // 嘴巴
    noStroke();
    fill(255,160,45);
    triangle(-15,-50,15,-50,0,-25);
}
```

图 6.1

例 6-3 效果图

例 6-4　绘制两只企鹅

在例 6-3 的基础上，在第一只企鹅右侧绘制第二只企鹅（效果图如图 6.2 所示）。

```
function setup() {
    createCanvas(1200,600);
    background(200);
    rectMode(CENTER);
}
function draw() {
    // 第一只企鹅
```

```
translate(300,300);
// 两条腿
noStroke();
fill(255,160,45);
ellipse(-100,225,100,50);
ellipse(100,225,100,50);

// 身体
fill(0);
ellipse(-150,90,60,235);
ellipse(150,90,60,235);
rect(0,100,300,250);
stroke(0);
strokeWeight(300);
line(0, -85, 0, 30);

// 眼睛和肚皮
fill(255);
noStroke();
ellipse(-70,-80,120,120);
ellipse(70,-80,120,120);
ellipse(0,95,200,220);

// 眼球
fill(0);
ellipse(-70,-80,15,15);
ellipse(70,-80,15,15);

// 嘴巴
noStroke();
fill(255,160,45);
triangle(-15,-50,15,-50,0,-25);

// 第二只企鹅
translate(600,0);
// 两条腿
noStroke();
fill(255,160,45);
```

```
ellipse(-100,225,100,50);
ellipse(100,225,100,50);

// 身体
fill(0);
ellipse(-150,90,60,235);
ellipse(150,90,60,235);
rect(0,100,300,250);
stroke(0);
strokeWeight(300);
line(0, -85, 0, 30);

// 眼睛和肚皮
fill(255);
noStroke();
ellipse(-70,-80,120,120);
ellipse(70,-80,120,120);
ellipse(0,95,200,220);

// 眼球
fill(0);
ellipse(-70,-80,15,15);
ellipse(70,-80,15,15);

// 嘴巴
noStroke();
fill(255,160,45);
triangle(-15,-50,15,-50,0,-25);
}
```

图 6.2

例 6-4 效果图

　　为了画第二只企鹅，代码长度几乎增加了一倍。程序代码从 40 行增加到了 75 行，可是用于绘制第二只企鹅的代码相比绘制第一只企鹅的代码并没有太大区别，仅仅是通过 translate 函数将画布向右移动了 600 个像素而已。这种绘制第二只企鹅的方法冗长而低效，更不用说用这种方法绘制第三只甚至是更多的企鹅了。因此，复制代码的方式是不可取的，应该尝试使用函数的方法实现绘制更多的企鹅。

例 6-5　自定义绘制企鹅函数

　　创建一个名字为"Penguin"的自定义函数。将绘制企鹅的代码复制至 Penguin 函数中并做细微调整，若要绘制更多的企鹅，则只需要在 draw 函数中进行 Penguin 函数的调用即可。

```
function setup() {
    createCanvas(600,600);
    background(200);
    rectMode(CENTER);
}
function draw() {
    Penguin(300,300); // 绘制企鹅函数，并设置企鹅的初始位置
}
function Penguin(x,y){
    translate(x,y);
    // 两条腿
    noStroke();
    fill(255,160,45);
    ellipse(-100,225,100,50);
    ellipse(100,225,100,50);
    // 身体
    fill(0);
    ellipse(-150,90,60,235);
    ellipse(150,90,60,235);
    rect(0,100,300,250);
    stroke(0);
    strokeWeight(300);
```

```
    line(0, -85, 0, 30);
    // 眼睛和肚皮
    fill(255);
    noStroke();
    ellipse(-70,-80,120,120);
    ellipse(70,-80,120,120);
    ellipse(0,95,200,220);
    // 眼球
    fill(0);
    ellipse(-70,-80,15,15);
    ellipse(70,-80,15,15);
    // 嘴巴
    noStroke();
    fill(255,160,45);
    triangle(-15,-50,15,-50,0,-25);
}
```

运行效果与例 6-3 的效果相同，但是代码却短了很多。

例 6-6　绘制更多的企鹅

现在有了一个在任何位置都可以绘制企鹅的自定义函数 Penguin，可以尝试将调用函数的语句放在 for 循环内，并且通过改变 for 循环的参数来绘制更多企鹅。另外，自定义函数可以添加更多参数使得绘制的企鹅具有更多形态。例如，通过传递参数改变每只企鹅的颜色、尺寸、比例或眼睛的直径等。本例为了控制每只企鹅的颜色和大小，为自定义函数 Penguin 添加了 c 和 s 两个参数（效果图如图 6.3 所示）。

```
function setup() {
    createCanvas(1200,300);
    background(200);
    rectMode(CENTER);
    for(let i=0; i<width; i+=150){
        let penguinC = int(random(0,160));
        let penguinS = random(0.25,0.6);
        Penguin(i,150,penguinC,penguinS); //x 间隔 150 个像素位置绘制企鹅，并设置其颜色和
尺寸
```

```
        }
    }
    function draw() {
    }
    function Penguin(x,y,c,s){
        push();
            translate(x,y);
            scale(s);
            // 两条腿
            noStroke();
            fill(255,160,45);
            ellipse(-100,225,100,50);
            ellipse(100,225,100,50);
            // 身体
            fill(c);
            ellipse(-150,90,60,235);
            ellipse(150,90,60,235);
            rect(0,100,300,250);
            stroke(c);
            strokeWeight(300);
            line(0, -85, 0, 30);
            // 眼睛和肚皮
            fill(255);
            noStroke();
            ellipse(-70,-80,120,120);
            ellipse(70,-80,120,120);
            ellipse(0,95,200,220);
            // 眼球
            fill(0);
            ellipse(-70,-80,15,15);
            ellipse(70,-80,15,15);
            // 嘴巴
            noStroke();
            fill(255,160,45);
            triangle(-15,-50,15,-50,0,-25);
        pop();
    }
```

图 6.3
例 6-6 效果图

函数除了可以进行计算，还可以向主程序返回一个值。其实系统函数中有很多这种类型的函数，例如，random 函数和 sin 函数都是具有返回值的。使用具有返回值的函数时，返回值通常都会被赋给变量。例如：

```
let a;
a = random(0,6);
let b;
b = sin(a);
```

上面这两段代码中，random 函数会返回 0 至 6 之间的任意浮点数，然后将其值赋给变量 a。sin 函数会返回一个 -1 至 1 的浮点数并将值赋给变量 b。具有返回值的函数也经常作为另一个函数的参数，例如，将 random 函数的返回值作为绘制矩形的起点坐标：

```
rect(random(width), random(height), 10,10);
```

例 6-7　函数返回值

若要创建具有返回值的函数，则需要使用关键字 return 返回传递的数值。例如，本例的 millimetre 函数，该函数将数据单位米转换为毫米。图 6.4 显示了 millimetre 函数的运算过程。

```
function setup() {
    let dataM = 2;
    let dataMM = millimetre(dataM);
    print(dataMM);
}
function millimetre(m) {
    let mm = m*1000;
```

```
    return mm;
}
                        function setup() {
                            var dataM = 2;
                            var dataMM = millimetre(dataM);
                            print(dataMM);
                        }

                        function millimetre(m) {
                            var mm = m*1000;
                            return mm;
                        }
```

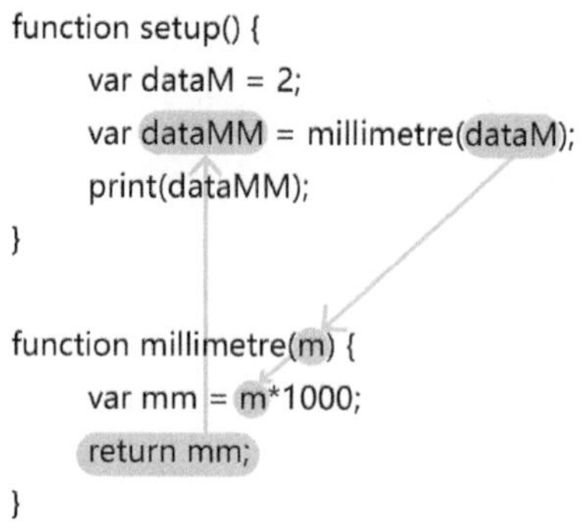

图 6.4

millimetre 函数的运算过程

在 millimetre 函数的最后一行，它返回的是计算后的毫米数值。在 setup 函数的第二行，经过 millimetre 函数运算后的返回值被赋给变量 dataMM 并在控制台输出。

6.2 面向对象编程

面向对象编程是一种新的编程思考方式。对象是一种将变量和函数进行分类的方法。前面的章节介绍了如何处理函数和变量，对象只是将它们的内容组合起来，并建立一个较容易理解的蓝图或原型。对象的概念非常重要，它将一个大的事物分解成很多部分，每个部分遵循既定的规律但又存在特殊性，这一点与自然界的事物相同。例如，树叶和树干组成了一棵树，很多棵树可以组成茂密的森林，但是森林中不会存在一模一样的树。

随着代码变得越来越复杂，编写一段较小的代码段要比编写一部完整的大型代码段更容易理解和维护。因此，必须要考虑一些更小的结构从而为形成更复杂的结构打好基础。

在对象结构中，变量称为属性，函数称为方法。属性和方法的工作方式与前面章节中的变量和函数相同，这里只是使用新术语来强调它们的作用。例如，构造一辆汽车，汽车颜色、汽车质量、汽车速度都是汽车对象的属性，汽车启动，汽车停止这些行为动作称为汽车对象的方法。

简单工业产品的属性和方法很容易创建，因为在创造这些事物的同时，这些事物就已经被赋予了相应的属性和功能。而搭建生物体的属性和方法相对复杂很多，只能利用足够多的模型来进行模拟构建并高度简化，保留程序必须的属性和方法。例如，某款角色养成类游戏的人物应具有下面的基本属性和方法。

属性：角色名称 CharacterName，身高 height，体重 weight……

方法：走 walk()，跑 run()，吃饭 eat()，说话 speak()……

所有创建的属性和方法都是为了满足程序的需要。列出了属性和方法后，就可以创建对象了。

6.2.1　定义类

在创建一个对象前，首先需要定义一个类。类是创建具有相似属性和方法的对象规范，通过它创建的每个实例对象的属性和方法类似但可以有稍微的不同。类仅仅是将对象具有的属性和方法列举出来，而不是真实的对象。例如，同一款手机可以生产成灰色的，也可以生产成白色的；一个手机可能有双摄像头，而另一个手机是单摄像头。类的属性和方法要选择适合的变量名称进行命名，属性可以同时保存布尔值（Boolean）、数字（Number）、字符串（String）等数据类型，方法用于更改属性的值并实现一些功能。

本节使用面向对象的方法创建一个随机在屏幕中移动并旋转的矩形，为了方便描述，后文将该矩形简称为小方块。

首先，在定义类之前需要列出小方块具有的属性：

- 小方块 x 位置属性 squareX
- 小方块 y 位置属性 squareY
- 小方块尺寸属性 squareSize
- 小方块的颜色属性 squareColor
- 小方块移动速度属性 squareTSpeed
- 小方块旋转速度属性 squareRSpeed

下一步是创建有用的方法。小方块应具有三个主要方法，第一个是更新小方块的位置使小方块进行移动，第二个是使小方块进行旋转，最后一个是将小方块绘制在画布上。因此可以为该类创建三个方法，这三个方法都不需要返回值。

- 小方块移动方法 translating()

- 小方块旋转方法 rotating()

- 小方块绘制方法 drawing()

编写类的代码应遵循三个步骤：第一步，创建一个类；第二步，创建构造方法并为其添加属性；第三步，创建方法。

第一步，使用关键字 class 创建一个类。

```
class RotatingSquare{
    }
```

通常类的名称应该以一个大写字母开头，这种首字母大写其余字母小写的命名方法称为驼峰命名法。

第二步，创建构造方法并为其添加属性。创建对象的属性通常不使用关键字 var 或 let，而是使用关键字 this. 进行创建。this. 是 JavaScript 中的一个特殊的关键字，代表实例对象的属性。例如，this.x = 50 表示某一个实例对象的 x 属性的值是 50。

为了将数值传递给构造方法的属性，需要在构造方法中添加参数。应使用恰当的词语来命名这些参数，它们仅用于将数值传递给构造方法内部的属性。

```
class RotatingSquare{
    constructor(squareX, squareY, squareSize, squareColor, squareTSpeed,squareRSpeed){
        this.squareX = squareX;
        this.squareY = squareY;
        this.squareSize = squareSize;
        this.squareColor = squareColor;
        this.squareTSpeed = squareTSpeed;
        this.squareRSpeed = squareRSpeed;
        this.angle=0;
    }
```

第三步，创建方法，添加小方块移动、旋转和绘制的方法。这与编写函数类似，但是格式稍有差别，在类中创建方法不需要编写关键字 function。

```
translating(){
    push();
    translate(this.squareX,this.squareY);
    this.squareX +=random(-this.squareTSpeed,this.squareTSpeed);
    this.squareY +=random(-this.squareTSpeed,this.squareTSpeed);
}
rotating() {
    rotate(this.angle);
    this.angle+=this.squareRSpeed;
    //this.diameter = ballDiameter*random(0.6,1);
}
drawing() {
    fill(this.squareColor);
    rect(0,0,this.squareSize, this.squareSize);
    pop();
}
```

最终的 RotatingSquare 类代码如下：

```
class RotatingSquare{
    constructor(squareX, squareY, squareSize, squareColor, squareTSpeed,squareRSpeed){
        this.squareX = squareX;
        this.squareY = squareY;
        this.squareSize = squareSize;
        this.squareColor = squareColor;
        this.squareTSpeed = squareTSpeed;
        this.squareRSpeed = squareRSpeed;
        this.angle=0;
    }
    translating(){
        push();
        translate(this.squareX,this.squareY);
        this.squareX +=random(-this.squareTSpeed,this.squareTSpeed);
        this.squareY +=random(-this.squareTSpeed,this.squareTSpeed);
    }
```

```
    rotating() {
        rotate(this.angle);
        this.angle+=this.squareRSpeed;
        //this.diameter = ballDiameter*random(0.6,1);
    }
    drawing() {
        fill(this.squareColor);
        rect(0,0,this.squareSize, this.squareSize);
        pop();
    }
}
```

一旦创建了类并声明了属性和方法后，就可以使用它来创建无数个小方块对象了。

6.2.2　创建对象

如果使用专业术语，那么每个对象应称为实例，每个实例对象都依据类的属性和方法创建自己的行为。创建实例对象有两个步骤：第一步，创建一个对象变量；第二步，用关键字 new 创建（初始化）对象。

例 6-8　创建一个对象变量

首先，创建对象变量 rotatingSquare。

```
let rotatingSquare;
```

然后，用关键字 new 初始化对象。初始化对象可以为对象分配存储空间并设置对象的属性参数，类的名称写在关键字 new 的右边，紧跟着输入类中构造方法的参数：

```
rotatingSquare = new RotatingSquare(300, 300, 50, 220, 5, 0.1);
```

括号中的 6 个数值是传递到 RotatingSquare 类的构造方法中的参数。这些参数的数量和顺序必须与构造方法中参数的数量和顺序相匹配。

示例代码如下（效果图如图 6.5 所示）：

```
let rotatingSquare;
function setup() {
```

```
    createCanvas(600, 600);
    background(200);
    rectMode(CENTER);
    rotatingSquare = new RotatingSquare(300, 300, 50, 220, 5, 0.1);
}
function draw() {
    rotatingSquare.translating();
    rotatingSquare.rotating();
    rotatingSquare.drawing();

}
// 以下为 RotatingSquare 类
class RotatingSquare{
    constructor(squareX, squareY, squareSize, squareColor, squareTSpeed,squareRSpeed){
        this.squareX = squareX;
        this.squareY = squareY;
        this.squareSize = squareSize;
        this.squareColor = squareColor;
        this.squareTSpeed = squareTSpeed;
        this.squareRSpeed = squareRSpeed;
        this.angle=0;
    }
    translating(){
        push();
        translate(this.squareX,this.squareY);
        this.squareX +=random(-this.squareTSpeed,this.squareTSpeed);
        this.squareY +=random(-this.squareTSpeed,this.squareTSpeed);
    }
    rotating() {
        rotate(this.angle);
        this.angle+=this.squareRSpeed;
    }
    drawing() {
        fill(this.squareColor);
        rect(0,0,this.squareSize, this.squareSize);
```

```
        pop();
    }
}
```

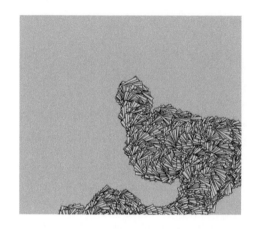

图 6.5

例 6-8 效果图

例 6-8 使用类和创建对象的方法制作了一个移动旋转的矩形效果。本例将创建两个稍有不同的移动旋转矩形对象（效果图如图 6.6 所示）。

```
let rotatingSquareA;
let rotatingSquareB;
function setup() {
    createCanvas(600, 600);
    background(200);
    rectMode(CENTER);
     rotatingSquareA = new RotatingSquare(random(width), random(height), random(30,60),
random(255), random(3,6), 0.1);
     rotatingSquareB = new RotatingSquare(random(width), random(height), random(30,60),
random(255), random(3,6), 0.1);
    }
function draw() {
    rotatingSquareA.translating();
    rotatingSquareA.rotating();
    rotatingSquareA.drawing();
```

```
        rotatingSquareB.translating();
        rotatingSquareB.rotating();
        rotatingSquareB.drawing();
    }
    // 以下为 RotatingSquare 类
    class RotatingSquare{
        constructor(squareX, squareY, squareSize, squareColor, squareTSpeed,squareRSpeed){
            this.squareX = squareX;
            this.squareY = squareY;
            this.squareSize = squareSize;
            this.squareColor = squareColor;
            this.squareTSpeed = squareTSpeed;
            this.squareRSpeed = squareRSpeed;
            this.angle=0;
        }
        translating(){
            push();
            translate(this.squareX,this.squareY);
            this.squareX +=random(-this.squareTSpeed,this.squareTSpeed);
            this.squareY +=random(-this.squareTSpeed,this.squareTSpeed);
        }
        rotating() {
            rotate(this.angle);
            this.angle+=this.squareRSpeed;
        }
        drawing() {
            fill(this.squareColor);
            rect(0,0,this.squareSize, this.squareSize);
            pop();
        }
    }
```

　　类可以作为代码块单独存在，进行任何修改都将影响它生成的实例对象。可以给 RotatingSquare 类添加一些方法，使小方块不会运行到画布的外面，也可以尝试在另一个项目中使用 RotatingSquare 类来创建实例对象。

图 6.6

示例 6-9 效果图

现在，学习如何在 HTML 文件内引用多个 JavaScript 文件，使得较长的代码易于编辑和管理。通常情况下，每个类建议单独保存成一个 JavaScript 文件，这样可以增强程序的模块性，使代码更容易查找和编辑。

在同一个项目文件夹中创建一个新的 JavaScript 文件，最好将它命名为"RotatingSquare.js"（如图 6.7 所示）。然后，将 RotatingSquare 类的所有代码剪切至"RotatingSquare.js"文件内。

图 6.7

项目文件夹内的文件

最后，在"index.html"文件中加入"<script src="RotatingSquare.js"></script>"语句将"RotatingSquare.js"文件引入项目中。

    <html>
    ……

```
<script src="../p5.min.js"></script>
<script src="../addons/p5.dom.min.js"></script>
<script src="../addons/p5.sound.min.js"></script>
<!-- 引入 RotatingSquare 类 -->
<script src="RotatingSquare.js"></script>
<script src="sketch.js"></script>
```
......
```
</html>
```

6.3　企鹅 05

前几章绘制的企鹅，形态都类似，而且全部都不会运动。本节将绘制一些具有不同颜色、大小并且会运动的企鹅。创建企鹅类并创建企鹅的实例对象，使每只企鹅都有自己的一组属性并且执行一些功能（效果图如图 6.8 所示）。

企鹅类（penguin.js 文件）：

// 企鹅类的属性包括企鹅的 x 和 y 坐标、企鹅颜色、企鹅的大小和企鹅的运动速度，方法包括企鹅运动和绘制企鹅

```
class Penguin{
    constructor(penguinX,penguinY,penguinColor,penguinScale,penguinSpeed){
        this.pX = penguinX;
        this.pY = penguinY;
        this.pColor = penguinColor;
        this.pScale = penguinScale;
        this.pSpeed = penguinSpeed;
        this.direction = 1;
    }
    move() {
        if(this.pX>width){
            this.direction = -this.direction;
        }
        else if(this.pX<0){
            this.direction = -this.direction;
        }
        this.pX += this.pSpeed*this.direction;
```

```
    }
    display() {
        push();
        rectMode(CENTER);
        translate(this.pX, this.pY);
        scale(this.pScale);
        // 两条腿
        noStroke();
        fill(255,160,45);
        ellipse(-100,225,100,50);
        ellipse(100,225,100,50);
        // 身体
        fill(this.pColor);
        ellipse(-150,90,60,235);
        ellipse(150,90,60,235);
        rect(0,100,300,250);
        stroke(this.pColor);
        strokeWeight(300);
        line(0, -85, 0, 30);
        // 眼睛和肚皮
        fill(255);
        noStroke();
        ellipse(-70,-80,120,120);
        ellipse(70,-80,120,120);
        ellipse(0,95,200,220);
        // 眼球
        fill(0);
        ellipse(-70,-80,15,15);
        ellipse(70,-80,15,15);
        // 嘴巴
        noStroke();
        fill(255,160,45);
        triangle(-15,-50,15,-50,0,-25);
        pop();
    }
```

```
}
```

在"sketch.js"文件中创建 5 个企鹅实例，并赋予它们不同的参数：

```
let penguinA;
let penguinB;
let penguinC;
let penguinD;
let penguinE;
function setup() {
    createCanvas(600, 600);
    background(200);
    penguinA = new Penguin(random(width), 100, random(120), 0.6,1);
    penguinB = new Penguin(random(width), 200, random(120), 0.5,1.5);
    penguinC = new Penguin(random(width), 300, random(120), 0.4,2);
    penguinD = new Penguin(random(width), 400, random(120), 0.3,2.5);
    penguinE = new Penguin(random(width), 500, random(120), 0.2,3);
}
function draw() {
    background(200);
    penguinA.move();
    penguinA.display();
    penguinB.move();
    penguinB.display();
    penguinC.move();
    penguinC.display();
    penguinD.move();
    penguinD.display();
    penguinE.move();
    penguinE.display();
}
```

最后，在"index.html"文件中引入"penguin.js"文件：

```
<html>
......
<script src="../p5.min.js"></script>
<script src="../addons/p5.dom.min.js"></script>
```

```
<script src="../addons/p5.sound.min.js"></script>
<script src="penguin.js"></script>
    <script src="sketch.js"></script>
......
</html>
```

图 6.8
企鹅 05

本例绘制了 5 只企鹅，创建了 5 个 Penguin 的实例（从 penguin A 到 penguin E）。如果有更多的企鹅，那么将会编写很多重复的代码，这显然不是一个聪明的办法。因此，在下一章我们会学习到一个新的知识——数组，可以使用数组的方法绘制成千上万只企鹅。

练习

尝试创建第 2 章练习 1 制作的卡通小动物角色的构造函数，并创建新的对象实例。

《象》，丁梦茹，2018 年 10 月

第 7 章
数　组

■ ■ ■

数组是一个有名称的变量列表，它不用为每个变量都创建新的名称，会使代码变得更短，更容易维护。

当程序或某个特定功能仅需要一两个变量时，直接使用 var 或 let 创建变量就很方便，使用数组反而会使程序变得更复杂。然而当程序或某个特定功能需要许多变量时，使用数组会让代码更容易编写。

7.1　使用变量绘图

前面的章节学习了变量的概念，首先复习一下如何使用变量进行绘图，然后通过一个示例说明为什么要引入数组的概念。

例 7-1　变量绘图

使用变量的方式在画布的随机位置绘制 6 个不同直径的圆形（效果如图 7.1 所示）。

```
let d1 = 0;
let d2 = 0;
let d3 = 0;
let d4 = 0;
let d5 = 0;
let d6 = 0;
let diameter = 50;
function setup() {
    createCanvas(500, 500);
    background(120);
    d1 = diameter;
    d2 = diameter*random(1,2);
    d3 = diameter*random(1,2);
    d4 = diameter*random(1,2);
    d5 = diameter*random(1,2);
    d6 = diameter*random(1,2);
    ellipse(random(width), random(height), d1, d1);
    ellipse(random(width), random(height), d2, d2);
    ellipse(random(width), random(height), d3, d3);
    ellipse(random(width), random(height), d4, d4);
    ellipse(random(width), random(height), d5, d5);
    ellipse(random(width), random(height), d6, d6);
}
function draw() {

}
```

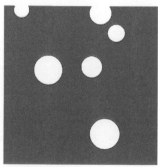

图 7.1

例 7-1 效果图

7.2　创建数组

虽然例 7-1 的代码编写起来不难，但是代码内容显得过于重复了。想象一下，如果绘制成千上万个圆形需要怎么做？难道创建几千甚至几万个单独的变量，然后分别更新每个变量？显然这是个效率非常低的方法。使用数组实现将会简单很多。

创建数组类似于创建单个变量，它遵循变量的创建方式。前面的章节学习了创建变量的方法，关键字 var 或 let 加变量名称可以创建变量。

var x;

let x;

若要创建数组，则只需将变量的值设置为一组方括号即可：

var x = [];

let x = [];

数组可以存储不同类型的数据（布尔、数字、字符串等），其长度由放入数组中元素的数量决定。因此，JavaScript 数组的长度并不需要提前声明，这一点与其他编程语言不太相同。

数组中的每一项称为元素，每个元素都由一个索引值来标记其在数组中的位置。数组的索引值从 0 开始计数，第一个元素的索引值是 0，第二个元素的索引值是 1，第三个元素的索引值是 2，……若数组中有 100 个值，则最后一个元素的索引值是 99。

p5.js 给数组元素赋值的方法与 JavaScript 相同，JavaScript 数组中的单个元素可以混合和匹配不同类型的数据值。数组元素的赋值包括两个步骤：第一步，创建数组；第二步，为数组中的每个元素分配数值。这两个步骤可以分开进行，也可以在创建数组时一起进行。下面的代码给出了两种创建数组的方法，该数组存储两个数字"10"和"20"。图 7.2 展示了该数组的结构。

方法一：创建数组后赋值。

```
let x = []; // 创建数组
function setup() {
    createCanvas(120, 120);
    x[0] = 10; // 给数组 0 号索引赋值
```

```
        x[1] = 20; // 给数组 1 号索引赋值
    }
```

首先在 setup 函数外创建数组，然后在 setup 函数内为数组元素分配数值。x[0] 是指数组中的第一个元素，x[1] 是指数组中的第二个元素。

方法二：创建数组并赋值。

```
let x = [10, 20]; // 创建数组并赋值
function setup() {
    createCanvas(120, 120);
}
```

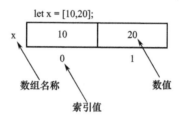

图 7.2
数组的结构

尽量避免在 draw 函数中创建数组，因为每一帧都创建一个新数组会减慢帧速率。

例 7-2　使用数组创建 1000 个圆形

参考例 7-1 的部分代码，使用数组的方式创建 1000 个不同大小的圆形（效果图如图 7.3 所示）。

```
let diameter=[];
function setup() {
    createCanvas(480, 480);
    background(120);
    for(let i=0; i<1000; i++){          // 设置 1000 个圆形的直径尺寸
        diameter[i] = random(10,60);
    }
    for(let i=0; i< diameter.length; i++){  // 读取每个圆形的直径并以随机位置绘制在画布上
        fill(random(255));
```

```
        ellipse(random(width),random(height),diameter[i],diameter[i]);
    }
}
function draw() {

}
```

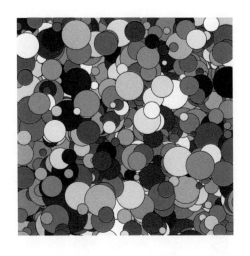

图 7.3
例 7-2 效果图

　　for 循环可以用来填充数组，也可以用来读取数组的值。本例中 setup 函数的第一个 for 循环使用随机数填充 diameter 数组，随机设置了 1000 个圆形的直径。第二个 for 循环读取了 diameter 数组中 1000 个圆形的直径，并将它们以随机位置绘制在画布中。

　　可以看出，在数组中引入 for 循环非常重要。setup 函数中的第二个 for 循环可以逐个遍历数组中的每个元素，做到这一点的前提是需要知道数组的长度，使用"数组名称 .length"可以读取到数组长度的数值。

　　例 7-3　使用 for 循环填充和读取数组

　　首先，创建数组 c 并对其填充随机数。然后读取数组 c 中的数值，用它设置每个矩形的颜色（效果图如图 7.4 所示）。

```
let c = [];
function setup() {
    createCanvas(480, 480);
```

```
        noStroke();
        for(let i=0; i<24; i++){          // 生成随机数并填充数组 c
            c[i] = random(255);
        }
    }
    function draw() {
        background(120);
        for(let i=0; i<c.length;i++){   // 读取数组中所有的颜色并填充给矩形
            fill(c[i]);
            rect(i*20,0,20,height);
        }
    }
```

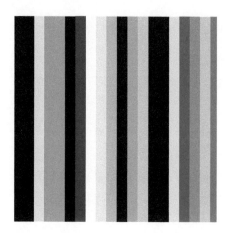

图 7.4

例 7-3 效果图

　　本例设定画布的宽度为 480 像素，在 setup 函数的 for 循环中创建了 24 个灰度颜色并放在数组 c 中。因此，可以计算出每个矩形的宽度为 20 像素，正好可以填充宽度为 480 像素的画布。最后，在 draw 函数的 for 循环中读取之前创建并放在数组 c 中的颜色，使用这些数值对矩形进行灰度填充。数组 c 的结构如图 7.5 所示。

let c = [i];

c	75	169	236	……	90
i	0	1	2	……	23

图 7.5

数组 c 的结构

例 7-4　彩色填充

对例 7-3 中绘制的矩形进行彩色填充（效果图如图 7.6 所示）。

```
let c = [];
function setup() {
    createCanvas(480, 480);
    noStroke();
    for(let i=0; i<72; i++){ // 创建 24*3 个数值并存储在数组 c 中
        c[i] = random(255);
    }
}
function draw() {
    for(let i=0; i<24;i++){// 读取数组 c 中的数值，并以 3 个数为一组填充矩形
    let index = i*3;
    fill(c[index],c[index+1],c[index+2]);
    rect(i*20,0,20,height);
    }
}
```

图 7.6

例 7-4 效果图

　　由于彩色填充需要 RGB 三个值，因此每个矩形所需的颜色数值是原来的
3 倍。因此，需要将存储颜色的数组长度也扩大三倍，并建立一个由数组长度组
成的索引 index，每个矩形获取的 RGB 颜色值分别为红色 index，绿色 index+1

和蓝色 index+2。本例仅在 x 轴方向进行了彩色填充，也可以使用 for 循环嵌套和数组的方法进行 x、y 轴方向的二维彩色填充。黑白数组 c 和彩色数组 c 的元素和索引值对比如图 7.7 所示。

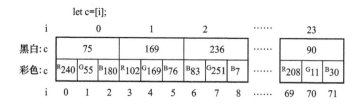

图 7.7

黑白数组 c 和彩色数组 c 的元素和索引值对比

例 7-5　数组填充颜色和 for 循环嵌套（二维彩色填充）

例 7-4 中的 x 轴填充需要 72 种颜色，若是二维彩色填充，则需要 72*24 种颜色。二维彩色填充的示例代码如下（效果图如图 7.8 所示）：

```
let c = [];
function setup() {
    createCanvas(480, 480);
    noStroke();
    for(let i=0; i<1728;i++){ // 创建 1728 个数值并存储在彩色数组 c 中
        c[i]=random(255);
    }
}
function draw() {
    background(120);
    for(let i=0; i<24;i++){          // 通过两个 for 循环绘制 576 个矩形，并使用数组 c 中的数值
对矩形进行彩色填充
        for(let j=0; j<24;j++){
            fill(c[j*24+i],c[j*24+i+1],c[j*24+i+2]);
            rect(i*20,j*20,20,20);
        }
    }
}
```

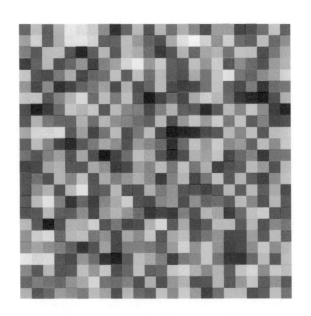

图 7.8

例 7-5 效果图

使用 for 循环嵌套获取二维坐标和着色的方法在后面的图片或视频章节会经常用到，因此希望读者可以多花一些时间来理解这几个示例的原理。

7.3　对象与数组

例 7-6 将本书前几章的知识结合在一起，其中包含变量、循环语句、函数与对象、数组等。创建含有对象的数组与之前使用数组的方法基本一致，只是每个数组元素都是一个实例对象，所以在将其分配给数组前必须先使用关键字 new 创建它们。

例 7-6　绘制多个对象

本例是例 6-9 的延伸，将会创建很多 RotatingSquare 实例并将它们作为元素放入数组中，最后在 draw 函数中让这些元素运动并显示出来。

首先，将"RotatingSquare.js"文件复制至项目文件夹内，并在"index.html"文件中引入。然后，在"sketch.js"文件中写入下面的代码（效果图如图 7.9 所示）。

```
let rSquare = [];                    // 创建数组 rSquare
function setup() {
    createCanvas(600, 600);
    background(200);
    rectMode(CENTER);
    for(let i=0; i<50; i++){    // 使用 for 循环初始化 50 个 RotatingSquare 实例，并放在数组
rSquare 中
        let x = random(width);
        let y = random(height);
        let s = random(10,45);
        let c = random(255);
        let tSpeed = random(2,3);
        let rSpeed = 0.1;
        rSquare[i] = new RotatingSquare(x,y,s,c,tSpeed,rSpeed);
    }
}
function draw() {
    for(let i=0; i<rSquare.length; i++){
        rSquare[i].translating();
        rSquare[i].rotating();
        rSquare[i].drawing();
    }
}
```

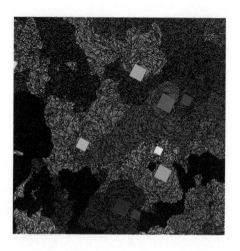

图 7.9

例 7-6 效果图

7.4 企鹅 06

企鹅是象征团结的动物。在暴风雪来临前，他们会围在一起共同抵御严寒。本例使用数组的方法构建出 500 只企鹅。

首先，将 6.3 节中的 "penguin.js" 文件复制至项目文件夹内，并在 "index.html" 文件中引入。然后，在 "sketch.js" 文件中写入下面的代码（效果图如图 7.10 所示）：

```
let p = [];
function setup() {
    createCanvas(600, 600);
    background(200);
    for(let i=0; i<500; i++){
        p[i] = new
Penguin(random(width),random(height),random(120),random(0.1,0.3),random(1,3));
    }
}
function draw() {
    background(200);
    for(let i=0; i<p.length; i++){
        p[i].move();
        p[i].display();
    }
}
```

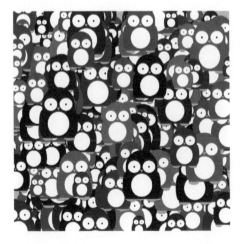

图 7.10

500 只企鹅

练习

1. 理解数组的概念并创建 weather 数组，将最近 30 天的每日最高气温存储在 weather 数组中。

2. 将 24 种颜色存储在创建的数组 color 中，然后随机抽取 color 数组中的颜色填充圆形，并以随机位置绘制在画布上。

《格猫》，于文媛，2018 年 9 月

第 8 章
图　片

■ ■ ■

p 5.js 除了可以绘制简单的线条和形状，还能够插入图片文件。本章将介绍如
何在程序中创建图片，将互动艺术的可能性延伸到摄影和影像。

　　学习加载图片文件前需要先学习关于服务器的知识。前面章节的示例使用浏
览器直接打开"index.html"文件就可以看到 p5.js 代码绘制的图像。但是如果想
将一张图片加载并显示在画布中，直接使用浏览器打开不会出现任何画面，查看
控制台会看到一个非常明显的错误。因此想加载外部文件（这里指图片或音频、
视频文件），需要架设一台本地服务器，并且将 HTML 和 JavaScript 文件全部
复制至服务器文件夹中，在服务器环境浏览 p5.js 制作的图形效果。

　　下面介绍 Windows 系统和 Mac OS 系统架设和运行服务器的方法。

　　Windows 系统 ：Windows 系统架设服务器是一件非常简单的事情，首选是
IIS 服务，互联网上有非常多安装各个 Windwos 版本 IIS 服务的方法，读者可以
搜索并查阅。安装完 IIS 服务后，将"p5"文件夹复制至 Web 服务器文件夹内，

通常 IIS 服务的 Web 服务器文件夹路径是"系统根目录 /inetpub/wwwroot"。

如果想在 Windows 系统中架设 PHP 服务器，本书推荐一款集成 Apache、PHP、MySQL 和 phpMyAdmin 的服务器安装包——AppServ，可以在"www.appserv.org"网站下载并安装。AppServ 服务器默认文件夹路径是"系统盘根目录 /appServ/www"。

Mac OS 系统：Mac OS 系统内置了 Apache 和 PHP 环境，因此 Mac OS 系统仅需要将服务器启动。通过 terminal 终端执行启动命令"sudo apachectl start"来开启 Web 服务器。启动后，在浏览器地址栏输入"http://localhost"并按回车键，若显示如图 8.1 所示的页面，则说明 Web 服务器启动成功。

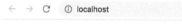

It works!

图 8.1
服务器启动成功页面

Mac OS 系统 Web 服务器的默认文件夹路径是"/Library/WebServer/Documents"，将"p5"文件夹复制至该文件夹内。只要是在 Web 服务器文件夹内的文件，所有局域网用户都可以通过 IP 地址进行访问。另外需要注意：为了保证放在服务器文件夹内的文件或文件夹是全部用户可读取状态，可以通过右键单击文件夹，在显示简介的共享与权限菜单中设置文件夹权限（如图 8.2 所示）。

图 8.2
设置文件夹权限

在学习新的示例前，确保已将"p5"文件夹（开发包）整体复制至服务器文件夹内，并建立了清晰的文件夹结构。

若在"p5"文件夹内创建了名为"hallop5js"的文件夹，则可以在浏览器地址栏中输入"http://localhost/p5/hallop5js/"对该文件夹进行访问。除了自己搭建服务器，还可以使用 p5.js 官方网站的在线编辑器（https://editor.p5js.org/）实现对图片、视频和音频的处理和效果制作。该在线编辑器省去了服务器搭建流程，适合初次接触编程语言和网络服务器知识的读者及需要快速创建出原型效果的设计师使用。

8.1 加载图片

无论是 Windows 系统还是 Mac OS 系统，默认情况下文件扩展名都是隐藏状态，建议显示文件扩展名以方便查看图片、音频或视频文件的格式。Mac OS 系统进入访问的偏好设置菜单，在高级里面勾选"显示所有文件扩展名"即可。Windows 系统需要打开文件夹选项，并在其中设置显示文件扩展名。

p5.js 在 HTML 页面上显示图片有三个必要的步骤。第一步，将一张图片添加到项目文件夹中；第二步，创建一个变量存储图片并使用 loadImage 函数加载图片；第三步，使用 image(img, x, y, width, height) 函数将图片绘制到画布上。image 函数最多有 5 个参数，分别是：

- img：加载的图片。
- x：Number 类型，图片左上角 x 轴坐标。
- y：Number 类型，图片左上角 y 轴坐标。
- width：Number 类型，图片绘制宽度。
- height：Number 类型，图片绘制高度。

width 和 height 参数是可选参数，用于设置图片的宽和高。如果不使用这两个参数，那么将会按照图片实际像素大小进行绘制。

本节还将介绍另一个新的函数——preload 函数。preload 函数在 setup 函数前运行，且只运行一次。为了确保在程序运行前将图片加载进来，通常在 preload 函数中写入加载图片的代码。

例 8-1 加载图片

创建一个新的项目，并将本书资源文件夹中的"8-1.jpg"图片复制到项目文件夹中（效果图如图 8.3 所示）。

```
let img;
function preload() {
    img = loadImage("8-1.jpg");
}
function setup() {
    createCanvas(360, 360);
}
function draw() {
    image(img, 0, 0);
}
```

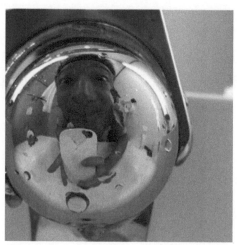

图 8.3

例 8-1 效果图

例 8-2　用鼠标控制图片尺寸

将 image 函数的 width 和 height 参数设置为 mouseX 和 mouseY，可以使用鼠标移动控制绘制图片的尺寸。图片显示的尺寸大于或小于其实际尺寸时，图片可能会失真（效果图如图 8.4 所示）。

```
let img;
function preload() {
    img = loadImage("8-1.jpg");
}
function setup() {
    createCanvas(720,720);
}
```

```
function draw() {
    image(img, 0, 0, mouseX, mouseY);
}
```

图 8.4
例 8-2 效果图

　　p5.js 可以加载和显示 JPEG、PNG、GIF 和 SVG 格式的图片，建议使用 Photoshop、Illustrator 或其他绘图软件将图片转换成以上格式。由于 p5.js 基于网页显示图片，因此在项目制作前要将图片尺寸尽量缩小，更小的图片尺寸可以加快页面的加载速度，运行效率更高的同时还能节省磁盘空间。

　　例 8-3　加载 PNG 格式图片

　　GIF、PNG 和 SVG 格式的图片可以改变透明度使底层像素可见或者部分可见。本例通过绘制叠在一起的"8-1.jpg"和"8-2.png"（"8-2.png"可以在本书的资源文件夹中找到）图片来说明透明度的用途和用法（效果图如图 8.5 所示）。

```
let img1;
let img2;
function preload() {
    img1 = loadImage("8-1.jpg");
    img2 = loadImage("8-2.png");
}
function setup() {
```

```
        createCanvas(360, 360);
    }
    function draw() {
        image(img1, 0, 0);
        image(img2, 0, 0,mouseX,mouseY);
    }
```

图 8.5

例 8-3 效果图

例 8-4   使用 copy 函数复制局部图片

copy 是一个非常有意思的函数，它能够将图片某一区域的画面复制到指定的位置并设置新画面的宽和高。使用"8-1.jpg"图片完成这个示例（效果图如图 8.6 所示）。

```
    let img;
    function preload() {
        img = loadImage("8-1.jpg");
    }
    function setup() {
        createCanvas(360, 360);
    }
    function draw() {
        background(img);
        copy(img,75,70,105,120,180,180,180,180)
    }
```

图 8.6

例 8-4 效果图

copy 函数有 9 个参数，按顺序分别是：图片源、源图片左上角 x 坐标、源图片左上角 y 坐标、源图片宽度、源图片高度、复制后图片左上角 x 坐标、复制后图片左上角 y 坐标、复制后图片宽度、复制后图片高度。

例 8-5　使用 blend 函数混合两张图片

blend 函数在 copy 函数的基础上加入了图片混合模式。它有 10 个参数，其中前 9 个参数与 copy 函数一致，最后的 blendMode 参数可以设置图片混合模式，可以使用 BLEND（混合），DARKEST（变暗），LIGHTEST（变亮），DIFFERENCE（差值），MULTIPLY（正片叠底），EXCLUSION（排除），SCREEN（滤色），REPLACE（更替），OVERLAY（叠加），HARD_LIGHT（硬光），SOFT_LIGHT（柔光），DODGE（颜色减淡），BURN（加深），ADD（增加）和 NORMAL（正常）15 种模式进行图片混合。

示例代码如下（效果图如图 8.7 所示）：

```
let img1;
let img2;
function preload() {
    img1 = loadImage("8-1.jpg");
    img2 = loadImage("8-2.png");
}
function setup() {
    createCanvas(360, 360);
```

```
    }
function draw() {
    image(img1, 0, 0);
    blend(img2, 0, 0, 360, 360, mouseX, mouseY, 180, 180, HARD_LIGHT);
}
```

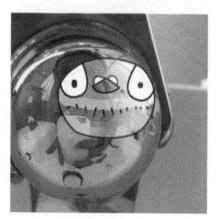

图 8.7

例 8-5 效果图

8.2 预加载 preload 函数

前几个例子并没有将图片加载语句写在 setup 函数中，而是写在了 preload 函数中。这是因为我们希望打开网页时浏览器先加载完图片，再执行其他代码。如果加载的文件较大，那么浏览器可能会显示 loading 并且需要等待一段时间才会出现画面。

例 8-6　预加载的重要性

为了更清楚地说明在 preload 函数内加载媒体文件的重要性，本例将 loadImage 函数放在 setup 函数中运行并查看效果（效果图如图 8.8 所示）。

```
let img;
function setup() {
    createCanvas(360, 360);
    img = loadImage("8-1.jpg");
    background(204);
    image(img, 0, 0);
```

```
}
function draw() {

}
```

图 8.8

例 8-6 效果图

　　程序运行后，画布显示灰色的背景且没有任何图片出现。这是因为 loadImage 函数并没有完全加载完图片就执行了 setup 函数中其余的代码，所以 image 函数就不能绘制出完整的图片或者根本没有读取到图片。为解决这个问题，p5.js 提供了 preload 函数，不同于 setup 函数，preload 函数能强制程序等待，直到 preload 函数内的资源加载完成才能够执行后面的代码。最好在 preload 函数内只进行媒体文件加载，而其他设置放在 setup 函数中完成，在后面的视频和音频章节还会经常用到 preload 函数执行文件的加载。

　　不同于前面章节中使用线和形状绘制图形，本章使用 p5.js 加载和显示已经绘制好的图片文件。对于某些图形，其实使用 Photoshop 或者 Illustrator 这类绘图软件绘制，要比使用代码自定义形状绘制更简单，选择哪一种创建和绘制图形的方案是一种权衡。p5.js 的图形绘制常用于表现科技感或简单图形运动后形成的效果图，而加载外部图片或视频主要是为了给这些已有的图片制作一些特殊的效果。

练习

1. 使用自己的图片，结合本章案例进行作品的创作。

2. 尝试在 for 循环中写入 image 函数，在画布上显示多张排列整齐的图片。

《瞳》，任柏洺，2019 年 1 月

...

P5.js 可以播放两种形式的视频，一种是视频文件，另一种是由网络摄像头输入的实时视频流。

9.1　视频文件

　　p5.js 利用 HTML5 的视频标签播放视频文件。该标签允许在网页中加载和播放视频且无须任何插件，是 HTML5 非常重要的一个功能。从官方文档可以查询其支持的视频格式，包括 WebM、Ogg 和 MP4 格式。MP4（H.264）是最常用的视频格式，因为该格式兼容大多数浏览器。若想使用 p5.js 的视频或音频则必须加载 p5.dom 库，"p5.dom.js" 文件在 "p5/addons" 文件夹内。新建一个项目文件夹，打开 "index.html" 文件，确保 "p5.dom.js" 文件已经被加载。

```
<script language="javascript"

type="text/javascript"src="../ addons/p5.dom.js"></script>
```

例 9-1　加载视频文件

首先，将视频文件复制至项目文件夹内。本书提供了作者使用 iphone X 录制的几段视频，可以从本书的资源文件夹中获取本例的"video.mp4"视频。然后加载视频文件（效果图如图 9.1 所示）。

```
let video;
function preload(){
    video = createVideo("video.mp4");
}
function setup() {
    createCanvas(568, 320);
    video.hide();
}
function draw() {
    image(video,0,0);
}
function mousePressed() {
    video.play();
    video.loop();
}
```

图 9.1
例 9-1 效果图

本例代码不长并且很好理解。首先创建名为 video 的变量，用于加载视频文件，然后将视频作为 image 函数的第一个参数绘制在画布上。注意在 setup 函数中加入了 video.hide() 这条语句，这是因为在 DOM 中创建 HTML5 视频元素时，视频默认会显示在网页上。因此，需要使用 hide 函数将默认显示的视频隐藏，仅保留由 image 函数绘制在画布上的视频。

由于浏览器限制非用户交互，自动播放视频，因此需要加入单击鼠标后执行视频循环播放的功能。

例 9-2　利用 filter 函数改变视频颜色

Animoji 作为 iphone X 独有的人脸识别动画制作工具，受到了很多用户的喜爱。本例的视频素材使用 Animoji 录制，并通过 filter 函数尝试改变视频的效果。本例使用的视频文件"animoji.mp4"可以在本书的资源文件夹中获取，并将它复制至项目文件夹中。

示例代码如下（效果图如图 9.2 所示）：

```
let video;
function preload(){
    video = createVideo("animoji.mp4");
}
function setup() {
    createCanvas(568, 320);
    video.hide();
}
function draw() {
    image(video,0,0);
    filter(THRESHOLD,0.5);
    //filter(INVERT);
    //filter(POSTERIZE,2);
    //filter(DILATE);
}
function mousePressed() {
    video.play();
    video.loop();
}
```

图 9.2

例 9-2 效果图

例 9-3 利用 tint 函数给视频着色

使用 tint 函数可以给视频着色，配合它使用的还有另一个 noTint 函数，它的作用是不对视频着色，使用原理类似于 noFill 和 noStroke 函数。

示例代码如下（效果图如图 9.3 所示）：

```
let video;
function preload(){
    video = createVideo("animoji.mp4");
}
function setup() {
    createCanvas(568, 320);
    video.hide();
    background(0,255,255);
}
function draw() {
    tint(0,255,255);
    image(video,0,0);
}
function mousePressed() {
    video.play();
    video.loop();
}
```

图 9.3

例 9-3 效果图

例 9-4 会变色的头像

使用线性变化的变量替换例 9-3 中 tint 函数的参数,做出颜色渐变的动态头像。本例的视频文件"myHead.mp4"可以在本书的资源文件夹中找到,并将它复制至项目文件夹中。

示例代码如下(效果图如图 9.4 所示):

```
let video;
let c=0;
function preload(){
    video = createVideo("myHead.mp4");
}
function setup() {
    createCanvas(480, 360);
    colorMode(HSB,360,100,100,1);
    video.hide();
}
function draw() {
    background(c);
    c += 0.1;
    if(c>360){
        c=0;
    }
```

```
        tint(c,100,100);
        image(video,0,0);
    }
    function mousePressed() {
        video.play();
        video.loop();
    }
```

图 9.4
例 9-4 效果图

tint 函数和 filter 函数都可以为视频创建效果，tint 函数需要写在绘制图形的语句前，而 filter 函数则写在绘制图形的语句后。

9.2　实时视频流

p5.js 调用实时视频流使用了 W3C 的 WebRTC 标准，更多使用规范和标准可以参考 W3C 的 Media Capture and Streams 网站，链接如下：https://www.w3.org/TR/mediacapture-streams。另外，由于浏览器的安全规范，使用实时视频流必须要在本地服务器或者 https 服务器上运行才有效果。因此，想要将作品部署到线上，必须先获取 SSL 数字证书。

例 9-5　加载实时视频流

加载实时视频流与读取视频文件并播放的方法类似，只不过将 createVideo 函数换成了 createCapture 函数。示例代码如下（效果图如图 9.5 所示）：

```
let capture;
function setup() {
  createCanvas(640, 480);
  capture = createCapture(VIDEO);
  capture.hide();
}
function draw() {
  image(capture, 0, 0, capture.width, capture.height);
}
```

图 9.5

例 9-5 效果图

例 9-6　四方连续图案

四方连续图案是设计类基础课程中的一个重要练习。本例使用 p5.js 的实时视频流将捕捉的影像制作成四方连续图案（效果图如图 9.6 所示）。

```
let capture;
function setup() {
  createCanvas(1280, 960);
  capture = createCapture(VIDEO);
  capture.hide();
  capture.size(320,240);
}
```

```
function draw() {
    let j=1;
    // 通过两个 for 循环构建出 16 幅左右或上下翻转的影像
    for(let y=0;y<=960;y+=240){
        let i=1;
        for(let x=0; x<=1280;x+=320){
            push();
                if(i==-1){
                    translate(x+320,0);
                }else{
                    translate(x,0);
                }
                if(j==-1){
                    translate(0,y+240);
                }else{
                    translate(0,y);
                }
                scale(i,j);
                image(capture,0,0,capture.width, capture.height);
            pop();
            i=-i;
        }
        j=-j;
    }
}
```

图 9.6

例 9-6 效果图

本例使用两个 for 循环语句将摄像头捕捉的影像进行多种方式的几何变换。如图 9.7 所示，标号①的影像不进行任何翻转，标号②的影像仅 x 轴翻转，标号③的影像仅 y 轴翻转，标号④的影像 x 轴和 y 轴同时翻转。

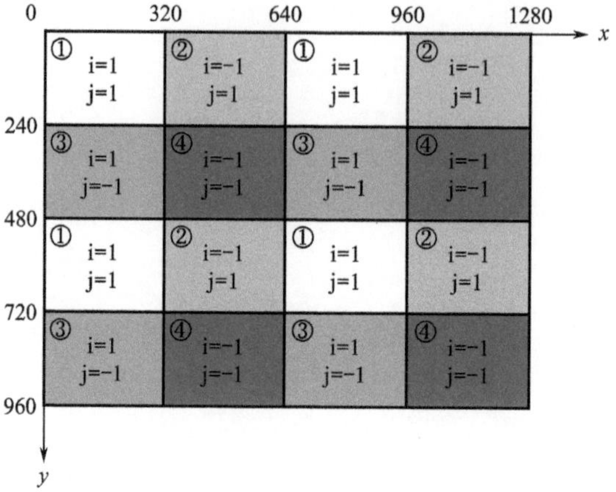

图 9.7

i=-1 表示 x 轴翻转，j=-1 表示 y 轴翻转

例 9-7　扫描叠加影像

第 8 章使用 copy 函数和 blend 函数给图片制作了一些有趣的效果。其实 copy 和 blend 函数不仅能作用于图片，而且可以对视频流产生效果。本例使用 blend 函数制作扫描叠加实时视频流影像的效果（效果图如图 9.8 所示）。

```
let capture;
let t=0;
let x=0;
function setup() {
  createCanvas(960, 240);
  capture = createCapture(VIDEO);
  capture.size(320,240);
  capture.hide();
}
function draw() {
  t+=0.5;
  if(t<100){
    for(let i=0;i<3;i++){
```

```
        image(capture, i*320,0,320,240);
      }
   }else{
      x+=0.5;
      capture.loadPixels();
      // 使用 blend 函数仅获取摄像头纵向中轴的一条像素，并将它从左至右绘制在屏幕上
      blend(capture,capture.width/2,0,1,capture.height,x,0,1,capture.height,OVERLAY);
   }
   if(mouseIsPressed){
      t=99;
      x=0;
   }
}
```

图 9.8

例 9-7 效果图

本例的原理如图 9.9 所示。

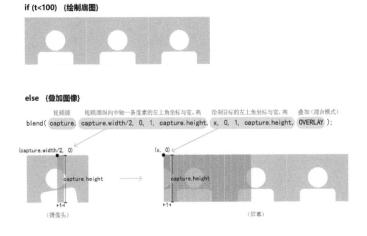

图 9.9

扫描叠加影像原理

copy 和 blend 函数可以用于视频流，本章所使用的 tint 和 filter 函数同样可以用于给图片添加效果。

例 9-7 用到了 loadPixels 函数，在下一章中将会重点使用这个函数读取图片或视频像素的信息并进行高阶的图片处理。

练习

1. 准备一个视频文件，结合本章的案例创作有意思的效果。

2. 创建具有特殊颜色效果的四方连续影像。

Evolution，倪家赫，2018 年 12 月

第 10 章
图片和视频处理进阶

■ ■ ■

本 章继续深入探讨图片和视频的处理技术。第 8 章和第 9 章学习了如何在 p5.js 中加载图片和视频，如果将示例都练习过并且理解了每一行代码，那么会发现几乎所有示例都是加载媒体后使用 image 函数显示图片或者视频的，该方法仅能显示图片或视频并给其添加一些简单的颜色效果，而想要做出更丰富的效果或功能，这种方法显然是不够的。因此，本章将介绍调用图片或视频像素数组数据，通过对这些数据进行处理，做出很多更有意思的图片或视频效果。

10.1 像素数组

屏幕是由成千上万个像素点组成的，像素点也是组成图片或视频的最基本元素，所以有时也把图片称为位图或像素图像。图片中的像素位置和颜色信息会以数组的形式进行存储，当需要显示或加载图片时，计算机可以从数组中调取这些数据，并根据像素位置进行颜色填充。

图 10.1 是一张 13×19 的灰度图片，下面用它来说明像素的存储原理。

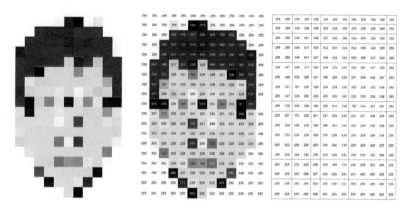

图 10.1

像素的存储原理

为了更深入研究图片处理和计算机视觉技术，不仅需要知道如何加载和显示一张图片，更需要了解如何访问、修改和分析存储在内存当中的像素数据。图 10.1 这张灰度图片简单说明了图片在内存缓冲区中的存储过程。每个像素的颜色亮度都由单个 8 位数字组成，其范围是从 0（黑色）至 255（白色），这些数值可以形成一个一维数组存储在计算机中。

[255,255,255,255,255,255,255,255,255,255,255,255,255,

255,255,255,255,255,002,029,255,255,255,255,255,255,

255,255,255,051,048,057,036,036,038,053,255,255,255,

255,255,045,047,035,042,031,042,042,050,048,255,255,

255,255,048,047,047,048,043,048,054,050,047,023,255,

255,047,048,217,053,029,223,048,048,047,047,048,255,

255,048,053,229,231,160,229,228,231,006,042,047,255,

255,047,197,233,229,229,229,229,229,228,243,048,255,

255,047,229,220,232,250,229,240,235,233,228,038,255,

255,048,006,239,160,236,016,234,154,224,001,051,255,

255,237,172,229,231,231,233,239,231,231,006,235,255,

255,229,238,228,229,068,231,248,232,233,233,229,255,

255,223,229,229,229,230,229,229,230,229,229,234,255,

255,243,229,229,229,054,246,239,229,229,229,223,255,

255,255,146,230,229,229,229,230,229,230,232,255,255,

255,255,252,229,238,159,169,133,255,226,255,255,255,

255,255,255,006,227,229,229,230,231,083,255,255,255,

255,255,255,255,044,239,229,232,009,255,255,255,255,

255,255,255,255,000,229,255,255,255,255,255,255,255];

　　了解使用一维数组的形式将像素数据存储在计算机中是非常重要的，第 7 章提到数组的每个元素都有一个使用数字来表示的索引地址，因此可以通过图片像素数组当中的索引地址找到某一像素点的颜色数据。可是这种数据存储方式可能与想象的屏幕像素排列不太一样，计算机存储这些像素点数据只是将它们简单地放在了一个地址不断增加的线性列表里（一维数组），但是在显示时，图片却是二维的，可以看到，这些数组数据当中并不包含图片的宽度和高度数据。那么，图片是如何被解析成一个 13×19 像素的灰度图片呢？下面使用一个 5×3 像素的图片（如图 10.2 所示）说明像素数据从二维到一维的转换过程。

H	E	L	L	O		0	1	2	3	4
P	R	O	C	E		5	6	7	8	9
S	S	I	N	G		10	11	12	13	14

图 10.2

5×3 像素的图片及索引地址

　　由图 10.2 可以看到图片的每个像素数据在数组中的索引地址。下面以像素 C 为例，解释如何将二维坐标位置转换为数组当中的索引地址（如图 10.3 所示）。

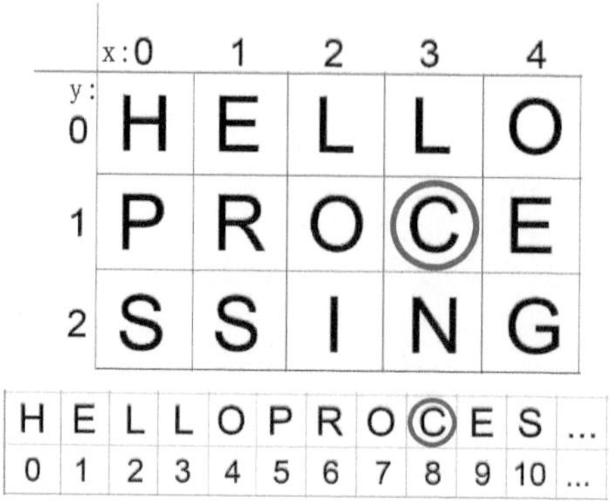

图 10.3
像素 C 的的索引地址

像素 C 的二维坐标为 x=3、y=1，像素索引地址为 8，整体图片的宽度为 5 像素。可以使用下面的公式将二维坐标索引转换为一维数组索引：

像素索引地址 = y* 图片的宽度 +x

8 = 1*5 +3

作者本人的肖像图片是 8 位的单通道灰度图片，每个像素使用一个整数来表示图片的灰度值。但是，彩色图片的某一像素通常会使用 8 位 4 通道来表示颜色。这种情况下，图片的每个像素会有 4 个信息值，分别是红色、绿色、蓝色和透明度，计算机存储的时候，这些值会被放在数组中连续存储。因此，彩色图片的数据量将会是灰度图片的 4 倍（如图 10.4 所示）。

R	G	B	A	R	G	B	A	R	G	B	A
R	G	B	A	R	G	B	A	R	G	B	A
R	G	B	A	R	G	B	A	R	G	B	A
R	G	B	A	R	G	B	A	R	G	B	A
R	G	B	A	R	G	B	A	R	G	B	A
R	G	B	A	R	G	B	A	R	G	B	A

图 10.4
彩色图片像素数组排列

图 10.4 是一张 3×6 像素的图片，每个像素都包含红色、绿色、蓝色和透明

度数据，它相比灰度图片，存储稍微复杂一些。如果想得到某一像素位置 (x,y)
的红色、绿色、蓝色和透明度的值，那么可以使用下面的公式：

(x,y) 点红色：4*(y* 图片宽度 +x)

(x,y) 点绿色：4*(y* 图片宽度 +x)+1

(x,y) 点蓝色：4*(y* 图片宽度 +x)+2

(x,y) 点透明度：4*(y* 图片宽度 +x)+3

10.2 像素绘制图片

例 10-1 像素绘制图片

读取图片"8-1.jpg"的像素数组，并将图片绘制在画布上（效果图如图 10.5
所示）。

```
let img;
function preload() {
    img = loadImage("8-1.jpg");
}
function setup() {
    createCanvas(360, 360);
}
function draw() {
    background(0);
    img.loadPixels();
    for (let y=0; y<img.height; y+=10) {
        for (let x=0; x<img.width; x+=10) {
            let i = 4*(y*width + x);
            let r = img.pixels[i];
            let g = img.pixels[i+1];
            let b = img.pixels[i+2];
            let a = img.pixels[i+3];
            fill(r,g,b,a);
            ellipse(x,y,random(5,15),random(5,15));
        }
    }
}
```

图 10.5

例 10-1 效果图

例 10-2　刮刮卡效果

本例制作了一个刮刮卡的效果。原理很简单：鼠标指针经过的地方，获取该点的像素颜色，并在画布上绘制出来（效果图如图 10.6 所示）。

```
let img;
let posX;
let posY;
function preload() {
    img = loadImage("8-1.jpg");
}
function setup() {
    createCanvas(360, 360);
    background(120);
}
function draw() {
    posX = mouseX;
    posY = mouseY;
    img.loadPixels();
    if(posX<img.width && posY<img.height){
        let i = 4*(posY*width + posX);
        let r = img.pixels[i];
        let g = img.pixels[i+1];
```

```
        let b = img.pixels[i+2];
        let a = img.pixels[i+3];
        fill(r,g,b,a);
        ellipse(posX,posY,random(5,15),random(5,15));
    }
}
```

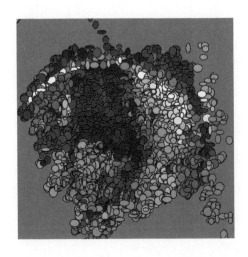

图 10.6

例 10-2 效果图

例 10-3　随机圆形绘图

对例 10-2 进行修改，使用随机函数 random 取代鼠标（效果图如图 10.7 所示）。

```
let img;
let posX;
let posY;
f unction preload() {
    img = loadImage("8-1.jpg");
}
function setup() {
    createCanvas(360, 360);
    background(120);
    noStroke();
}
function draw() {
    posX = int(random(img.width));
```

```
        posY = int(random(img.height));
        img.loadPixels();
        let i = 4*(posY*width + posX);
        let r = img.pixels[i];
        let g = img.pixels[i+1];
        let b = img.pixels[i+2];
        let a = img.pixels[i+3];
        fill(r,g,b,a);
        ellipse(posX,posY,15,15);
    }
```

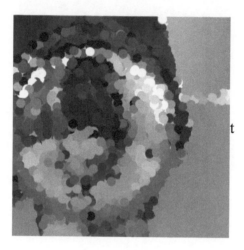

图 10.7

例 10-3 效果图

例 10-4　三角形填充

除了使用圆形和方形，还可以使用任何形状进行填充，本例使用三角形填充（效果图如图 10.8 所示）。

```
let img;
function preload() {
    img = loadImage("8-1.jpg");
}
function setup() {
    createCanvas(360, 360);
    background(120);
    noStroke();
```

```
        smooth();
    }
    function draw() {
        img.loadPixels();
        for (let y=0; y<img.height; y+=20) {
            for (let x=0; x<img.width; x+=10) {
                let i = 4*(y*width + x);
                let r = img.pixels[i];
                let g = img.pixels[i+1];
                let b = img.pixels[i+2];
                let a = img.pixels[i+3];
                fill(r,g,b,a);
                if(x%20==0){
                    triangle(x-10,y,x,y+20,x+10,y);
                }
                else{
                    triangle(x-10,y+20,x,y,x+10,y+20);
                }
            }
        }
    }
```

图 10.8

例 10-4 效果图

这些示例的效果 Photoshop 软件不能做吗？为什么需要写代码实现呢？是

的，有些图片效果使用 Photoshop 软件的确可以做出来，但是效率远远低于使用代码实现。另外，通过这些示例的学习还能对图片处理的原理有更加深入的认识，并理解图片处理更底层的概念——像素。基于上述示例，可以换一些其他形状并对代码进行修改，可能会得到更多有趣的、Photoshop 软件很难实现的效果。

10.3 视频像素处理

使用获取图片像素的方法，同样可以获取视频文件或实时视频流的像素数据。

例 10-5 视频像素处理

使用 "animoji.mp4" 视频，获取它的每个像素数据并绘制在屏幕上。需要留意浏览器软件及它的版本，由于浏览器或系统的升级，会导致 p5.js 在视频流处理方面出现兼容性问题。本例使用的 p5.js 版本是 v0.7.1，Windows 和 Mac OS 系统的测试浏览器是 Chrome（版本号 71.0.3578.98），手机端是 iphone X（IOS 12.0.1）的 Safari 浏览器。

示例代码如下（效果图如图 10.9 所示）：

```
let video;
function preload(){
    video = createVideo('animoji.mp4');
}
function setup() {
    createCanvas(568, 320);
    video.hide();
}
function draw() {
    background(150);
    video.loadPixels();
    for (let y=0; y<video.height; y+=5) {
        for (let x=0; x<video.width; x+=5) {
            let i = 4*(y*width + x);
            let r = video.pixels[i];
            let g = video.pixels[i+1];
            let b = video.pixels[i+2];
            let a = video.pixels[i+3];
```

```
        fill(r,g,b,a);
        rect(x,y,5,5);
      }
    }
  }
function mousePressed() {
    video.play();
    video.loop();
}
```

图 10.9

例 10-5 效果图

例 10-6　黑白视频

要想将图片变成黑白显示，最简单的方法是使用 HSB 色彩模式，将饱和度数值设为 0。但是 p5.js 只能存储和读取图片的 RGB 数据。因此，想要获得某一个像素点的色相、饱和度和明度就需要使用一些函数进行转换。

p5.js 可以使用 hue 函数、saturation 函数和 brightness 函数将 RGB 数值转换为色相（hue）、饱和度（saturation）和明度（brightness）数值。获取 HSB 的数值可以制作更多的效果及实现更多功能。

示例代码如下（效果图如图 10.10 所示）：

```
let video;
function preload(){
    video = createVideo('animoji.mp4');
}
function setup() {
```

```
        createCanvas(568, 320);
        video.hide();
    }
    function draw() {
        video.loadPixels();
        for (let y=0; y<video.height; y+=5) {
            for (let x=0; x<video.width; x+=5) {
                colorMode(RGB,255);            // 切换到 RGB 色彩显示模式读取像素的 RGB 值
                let i = 4*(y*width + x);
                let r = video.pixels[i];
                let g = video.pixels[i+1];
                let b = video.pixels[i+2];
                let a = video.pixels[i+3];
                let c = color(r, g, b);
                let h = hue(c);                // 将某一像素的 RGB 值转换为色相值
                let s = saturation(c);         // 将某一像素的 RGB 值转换为饱和度值
                let bright = brightness(c);    // 将某一像素的 RGB 值转换为明度值
                colorMode(HSB,360,100,100,1);  // 为了使用 HSB 模式绘图，切换至 HSB 色彩显示模式
                fill(h,0,bright);              // 将饱和度设为 0
                rect(x,y,5,5);
            }
        }
    }
    function mousePressed() {
        video.play();
        video.loop();
    }
```

图 10.10

例 10-6 效果图

除了使用 hue 函数、saturation 函数和 brightness 函数将 RGB 数值转换成
HSB 数值，也可以通过构建自定义函数将 RGB 数值转换成 HSB 数值。

Joblove 和 Greenberg 在 1978 年 SIGGRAPH 大会上的文章 *Color Spaces for
Computer Graphics* 中提出了 RGB 与 HSB 的相关理论。美国加州 Agoston 博士
2005 年在他的 *Computer Graphics and Geometric Modeling* 一书中提到了将 RGB
转换成 HSB 的算法和代码实现。根据他们的研究成果，本书列举了将 RGB 数值
转换成 HSB 数值的公式和 JavaScript 代码。

RGB 转换成色相的公式如下：

设 r，g，b 分别是像素的红色、绿色和蓝色数值，且值域范围是从 0 至 1。
设 r，g，b 中最大值为 max，最小值为 min，设 C=max-min，则色相 H 与 RGB
存在以下关系：

- 若 C=0 即 max 与 min 相同，则色相 H=0；

- 若最大值 max 是 r 且 g≥b，则色相 H=60*(g-b)/C；

- 若最大值 max 是 r 且 g<b，则色相 H=60*((g-b/C)+6)；

- 若最大值 max 是 g，则色相 H=60*((b-r)/C+2)；

- 若最大值 max 是 b，则色相 H=60*((r-g)/C+4)。

RGB 转换成色相的函数 rgbtoh 如下：

```javascript
function rgbtoh(r,g,b){
    r=r/255;
    g=g/255;
    b=b/255;
    let H;
    let min=Math.min(r,g,b);
    let max=Math.max(r,g,b);
    let C = max-min;
    if(max==min){
        H=0;
    }else{
        if(max==r && g>=b){
```

```
            H=60*(g-b)/C;
        }
        else if(max==r && g<b){
            H=60*((g-b)/C+6);
        }
        else if(max==g){
            H=60*((b-r)/C+2);
        }
        else if(max==b){
            H=60*((r-g)/C+4);
        }
    }
    return H;
}
```

RGB 转换成饱和度的公式如下：

设 r，g，b 分别是像素的红色、绿色和蓝色数值，且值域范围是从 0 至 1。设 r，g，b 中最大值为 max，最小值为 min，则饱和度 S 与 RGB 存在以下关系：

- 若 max 为 0，则饱和度 S=0；

- 若 max 不为 0，则饱和度 S=(max−min)/max。

RGB 转换成饱和度的函数 rgbtos 如下：

```
function rgbtos(r,g,b){
    r=r/255;
    g=g/255;
    b=b/255;
    let S;
    let min=Math.min(r,g,b);
    let max=Math.max(r,g,b);
    if(max==0){
        S=0;
    }else{
        S=(max-min)/max;
    }
```

```
    S=S*100;
    return S;
}
```

RGB 转换成明度的公式如下：

HSB 色彩显示模式也称 HSV 色彩显示模式，最后一个单词 Brightness 或 Value 都表示色彩的明度。明度 V 与 RGB 存在以下关系：

设 r，g，b 分别是像素的红色、绿色和蓝色数值，且值域范围是从 0 至 1。设 r，g，b 中最大值为 max，则明度 V=max。

RGB 转换成明度的函数 rgbtor 如下：

```
function rgbtov(r,g,b){
    r=r/255;
    g=g/255;
    b=b/255;
    let V=Math.max(r,g,b);
    V=V*100;
    return V;
}
```

因此，本例也可以使用自定义函数将 RGB 色彩显示转换为 HSB 色彩显示，示例代码如下：

```
let video;
function preload(){
    video = createVideo('animoji.mp4');
}
function setup() {
    createCanvas(568, 320);
    video.hide();
    colorMode(HSB,360,100,100,1);// 切换至 HSB 色彩显示模式
}
function draw() {
    video.loadPixels();
    for (let y=0; y<video.height; y+=5) {
        for (let x=0; x<video.width; x+=5) {
```

```
        let i = 4*(y*width + x);
        let r = video.pixels[i];
        let g = video.pixels[i+1];
        let b = video.pixels[i+2];
        let a = video.pixels[i+3];
        let bright = rgbtov(r,g,b);
        fill(0,0,bright); // 将饱和度设为 0
        rect(x,y,5,5);
      }
    }
}
function mousePressed() {
    video.play();
    video.loop();
}
function rgbtov(r,g,b){
    r=r/255;
    g=g/255;
    b=b/255;
    let V=Math.max(r,g,b);
    V=V*100;
    return V;

}
```

例 10-7　图片像素明度控制像素尺寸

本例使用自定义的 RGB 转 HSB 函数获取像素明度数值并控制像素尺寸，制作出有意思的效果（效果图如图 10.11 所示）。

```
let video;
function preload(){
    video = createVideo('animoji.mp4');
}
function setup() {
    createCanvas(568, 320);
    video.hide();
```

```
    colorMode(HSB,360,100,100,1);
    rectMode(CENTER);
    noStroke();
}
function draw() {
    background(150);
    video.loadPixels();
    for (let y=0; y<video.height; y+=10) {
        for (let x=0; x<video.width; x+=10) {
            let i = 4*(y*width + x);
            let r = video.pixels[i];
            let g = video.pixels[i+1];
            let b = video.pixels[i+2];
            let a = video.pixels[i+3];
            let c = color(r, g, b);
            let h = rgbtoh(r,g,b);
            let s = rgbtos(r,g,b);
            let bright = rgbtov(r,g,b);
            fill(h,s,bright);
            let pixelSize = (100-bright)/9;// 像素明度控制绘制矩形大小
            rect(x,y,pixelSize,pixelSize);
        }
    }
}
function mousePressed() {
    video.play();
    video.loop();
}
function rgbtoh(r,g,b){
    r=r/255;
    g=g/255;
    b=b/255;
    let H;
    let min=Math.min(r,g,b);
    let max=Math.max(r,g,b);
```

```
        let C = max-min;
        if(max==min){
            H=0;
        }else{
            if(max==r && g>=b){
                H=60*(g-b)/C;
            }
            else if(max==r && g<b){
                H=60*((g-b)/C+6);
            }
            else if(max==g){
                H=60*((b-r)/C+2);
            }
            else if(max==b){
                H=60*((r-g)/C+4);
            }
        }
        return H;
    }
    function rgbtos(r,g,b){
        r=r/255;
        g=g/255;
        b=b/255;
        let S;
        let min=Math.min(r,g,b);
        let max=Math.max(r,g,b);
        if(max==0){
            S=0;
        }else{
            S=(max-min)/max;
        }
        S= S*100;
        return S;
    }
    function rgbtov(r,g,b){
```

```
    r=r/255;
    g=g/255;
    b=b/255;
    let V=Math.max(r,g,b);
    V= V*100;
    return V;
}
```

图 10.11

例 10-7 效果图

10.4 实时视频流像素处理

获取实时视频流的像素数组数据与获取图片和视频文件的像素数组数据在原理上基本一样。但是测试时必须在本地或者 https 服务器上才能够运行（这一点在上一章的实时视频流示例中说明过）。

例 10-8 实时视频流像素处理

示例代码如下（效果图如图 10.12 所示）：

```
let video;
function setup() {
    video = createCapture(VIDEO);
    createCanvas(640, 480);
    video.size(640, 480);
    video.hide();
```

```
    }
function draw() {
    background(150);
    video.loadPixels();
    for (let y=0; y<video.height; y+=10) {
        for (let x=0; x<video.width; x+=10) {
            let i = 4*(y*width + x);
            let r = video.pixels[i];
            let g = video.pixels[i+1];
            let b = video.pixels[i+2];
            let a = video.pixels[i+3];
            fill(r,g,b);
            rect(x,y,10,10);
        }
    }
}
```

图 10.12

例 10-8 效果图

例 10-9 光互动

前几章介绍过图形跟随鼠标指针移动的互动形式。本例将使用灯光替代鼠标指针，让企鹅跟着摄像头画面中最亮的点进行移动。原理很简单：使用 for 循环遍历屏幕中的所有像素点，找到像素点中明度值最高的点，记录下它的 x、y 坐标后，赋值给图形绘制的位置参数。

示例代码如下（效果图如图 10.13 所示）：

```
let video;
function setup() {
    video = createCapture(VIDEO);
    createCanvas(640, 480);
    video.size(640, 480);
    video.hide();
    rectMode(CENTER);
}
function draw() {
    let brightest=0;
    let posX=0;
    let posY=0;
    background(255);
    video.loadPixels();
    for (let y=0; y<video.height; y+=10) {
        for (let x=0; x<video.width; x+=10) {
            let i = 4*(y*width + x);
            let r = video.pixels[i];
            let g = video.pixels[i+1];
            let b = video.pixels[i+2];
            let currentBrightness = rgbtov(r,g,b); // 记录当前像素的明度
            if(currentBrightness>brightest){        // 若当前像素的明度大于之前获取的最大明
度，则将最大明度更新为当前明度，并将绘制图形的位置设为当前像素坐标
                brightest = currentBrightness;
                posX = x;
                posY = y;
            }
            noStroke();
            fill(r,g,b);
            rect(video.width-x,y,10,10);
        }
    }
    Penguin(video.width-posX,posY,0,0.3);
}
```

```
function rgbtov(r,g,b){
    r=r/255;
    g=g/255;
    b=b/255;
    let V=Math.max(r,g,b);
    V=V*100;
    return V;
}
function Penguin(x,y,c,s){
    push();
        translate(x,y);
        scale(s);
        // 两条腿
        noStroke();
        fill(255,160,45);
        ellipse(-100,225,100,50);
        ellipse(100,225,100,50);

        // 身体
        fill(c);
        ellipse(-150,90,60,235);
        ellipse(150,90,60,235);
        rect(0,100,300,250);
        stroke(c);
        strokeWeight(300);
        line(0, -85, 0, 30);

        // 眼睛和肚皮
        fill(255);
        noStroke();
        ellipse(-70,-80,120,120);
        ellipse(70,-80,120,120);
        ellipse(0,95,200,220);

        // 眼球
        fill(0);
        ellipse(-70,-80,15,15);
        ellipse(70,-80,15,15);
```

```
    // 嘴巴
    noStroke();
    fill(255,160,45);
    triangle(-15,-50,15,-50,0,-25);
    pop();
}
```

图 10.13

例 10-9 效果图

例 10-10　蓝绿屏抠像原理

　　数字合成软件经常会用到蓝绿屏抠像技术，原理是利用前景和背景的色度区别将单色背景抠掉。理论上，只要背景所用的颜色在前景画面中不存在，用任何颜色做背景都可以实现抠像。但实际上，最常用的还是蓝色和绿色背景，原因在于自然人体的皮肤不包含这两种颜色。由于欧美人种存在眼睛是蓝色的情况，因此亚洲国家通常会采用蓝屏抠像，而欧美国家多采用绿屏抠像。

　　理解基本原理后，就能够在 p5.js 中实现抠像功能了。首先通过 for 循环遍历视频流图片中的所有像素，如果某像素趋近于绿色，那么就不将它显示在画布上。最终，可以绘制出剔除了绿色通道的图像（效果图如图 10.14 所示）。

```
let video;
function setup() {
    video = createCapture(VIDEO);
    createCanvas(640, 480);
    video.size(640, 480);
```

```
        video.hide();
        noStroke();
    }
    function draw() {
        background(150);
        video.loadPixels();
        for (let y=0; y<video.height; y+=10) {
            for (let x=0; x<video.width; x+=10) {
                let i = 4*(y*width + x);
                let r = video.pixels[i];
                let g = video.pixels[i+1];
                let b = video.pixels[i+2];
                let a = video.pixels[i+3];
                let h = rgbtoh(r,g,b);
                let s = rgbtos(r,g,b);
                if(!(h>75&&h<190&&s>10)){
                    fill(r,g,b,a);
                    rect(video.width-x,y,10,10);
                }
            }
        }
    }
    function rgbtoh(r,g,b){
        r=r/255;
        g=g/255;
        b=b/255;
        let H;
        let min=Math.min(r,g,b);
        let max=Math.max(r,g,b);
        let C = max-min;
        if(max==min){
            H=0;
        }else{
            if(max==r && g>=b){
                H=60*(g-b)/C;
            }
            else if(max==r && g<b){
                H=60*((g-b)/C+6);
```

```
        }
        else if(max==g){
            H=60*((b-r)/C+2);
        }
        else if(max==b){
            H=60*((r-g)/C+4);
        }
    }
    return H;
}
function rgbtos(r,g,b){
    r=r/255;
    g=g/255;
    b=b/255;
    let S;
    let min=Math.min(r,g,b);
    let max=Math.max(r,g,b);
    if(max==0){
        S=0;
    }else{
        S=(max-min)/max;
    }
    S=S*100;
    return S;
}
```

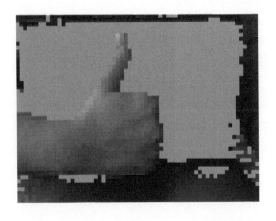

图 10.14

例 10-10 效果图

例 10-11　perception 3.0

本例创建了一面"镜子"，观看者在每个时间节点所看到的都是不一样效果的自己。本例仅截取了其中一个效果，在这个效果中获取了像素的 RGB 数值和 HSB 数值，并将像素图形和颜色都进行了改变。

示例代码如下（效果图如图 10.15 所示）：

```
let video;
function setup() {
    video = createCapture(VIDEO);
    createCanvas(640, 360);
    video.size(640, 360);
    video.hide();
}
function draw() {
    background(0);
    video.loadPixels();
    for (let y=0; y<video.height; y+=5) {
        for (let x=0; x<video.width/2; x+=5) {
            let i = 4*(y*width + x);
            let r = video.pixels[i];
            let g = video.pixels[i+1];
            let b = video.pixels[i+2];
            push();
                translate(width-x,y);
                rotate(2 * PI * rgbtov(r,g,b/100));
                fill(r,g,b+20,random(180,255));
                noStroke();

triangle(0,0,random(10,25),random(10,25),random(10,25),random(10,25));
                stroke(r,g,b,random(rgbtov(r,g,b)/100));
            pop();
        }
    }

    for (let y=0; y<video.height; y+=5) {
```

```
    for (let x=0; x<video.width/2; x+=5) {
        let i = 4*(y*width + x);
        let r = video.pixels[i];
        let g = video.pixels[i+1];
        let b = video.pixels[i+2];
        push();
            translate(x,y);
            rotate(2 * PI * rgbtov(r,g,b/100));
            fill(r+20,g,b,random(180,255));
            noStroke();

    triangle(0,0,random(10,25),random(10,25),random(10,25),random(10,25));
            stroke(r,g,b,random(rgbtov(r,g,b)/100));
        pop();
    }
}
}
function rgbtov(r,g,b){
    r=r/255;
    g=g/255;
    b=b/255;
    let V=Math.max(r,g,b);
    V=V*100;
    return V;
}
```

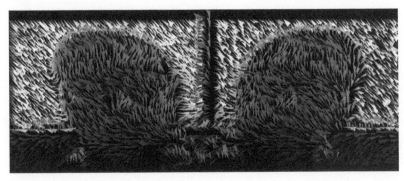

图 10.15

例 10-11 效果图（作品名：perception，作者：王军艺）

例 10-12　哈哈镜效果

透镜原理的本质是一种插值算法——在透镜中心的像素间隔放大或缩小的同时，带动边缘的扩大或缩小。本例使用这个原理制作好玩的哈哈镜效果（效果如图 10.16 所示）。

```
let video;
function setup() {
    video = createCapture(VIDEO);
    createCanvas(640, 480);
    video.size(640, 480);
    video.hide();
    rectMode(CENTER);
    background(0);
    noStroke();
}
function draw() {
    let radius = int(sqrt(video.width*video.width+video.height*video.height)/2.5);
    background(0);
    video.loadPixels();
    for (let y=0; y<video.height; y+=4) {
        for (let x=0; x<video.width; x+=4) {
            let i = 4*(y*width + x);
            let r = video.pixels[i];
            let g = video.pixels[i+1];
            let b = video.pixels[i+2];
            let distance = int(dist(x,y,video.width/2,video.height/2));
            let newX;
            let newY;
            if(distance<radius){
                newX = (x-320)*distance/radius+320;
                newY = (y-240)*distance/radius+240;
            }
            push();
                translate(width-newX,newY);
                fill(r,g,b);
```

```
            rect(0,0,6,6);
            pop();
        }
    }
}
```

图 10.16

例 10-12 效果图

　　无论是图片还是视频，都是由千万个像素组成的，对图片和视频的效果处理其实就是对这些像素的位置、大小、颜色进行修改或重新组合。因此，希望读者掌握了图像的基本原理后，可以使用参数化的思路创建更多更好玩的图片和视频效果。

练习

1. 理解本章的视频特效案例，尝试对它们进行修改并创建更多有意思的效果。

2. 尝试给例 10-10 添加一个动态背景。

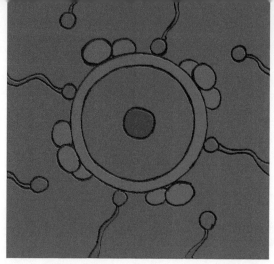

《生命的诞生》，于文媛，2019 年 1 月

第 11 章
音　频

■ ■ ■

如果想让 p5.js 加载音频，那么需要一个重要的库——p5.sound 库（关于 p5.js 加载外部库文件的方法将在第 12 章进行详细介绍），它具有音频的播放、分析和合成功能。本章将介绍如何加载 WAV、AIFF 或 MP3 等多种格式的音频文件并执行声音的播放、停止和循环功能。最后，通过几组声音可视化示例展示音频的应用。

2018 年 4 月，谷歌发布了自动播放策略，将在 M71（2018 年 12 月）之后的版本中禁止非交互的音频、视频自动播放。因此，为了保证本书的全部音频示例可以正常运行，所有音频示例均加入了互动（单击或触摸）事件。

11.1　加载音频

例 11-1　加载并播放音频文件

首先，将音频文件"sound.mp3"复制至项目文件夹内（该文件可从本书资源文件夹中获取）。实现浏览器播放音频文件的方法包括两个步骤：第一步，读取音频文件；第二步，在画布上单击鼠标，控制声音播放和停止。

```
let Sound;
function preload() {
    Sound = loadSound('sound.mp3');
}
function setup() {
    createCanvas(320,320);
    background(0);
}
function mousePressed() { // 在画布上单击鼠标，控制声音的播放和停止
    if (Sound.isPlaying()) {
        Sound.pause();
    } else {
        Sound.play();
        background(255,255,0);
    }
}
```

例 11-2　获取音频文件振幅

获取音频文件的振幅并将振幅数值赋予给图形，创作出简单的声音可视化效果（效果图如图 11.1 所示）。

```
let Sound,amplitude;
function preload() {
    Sound = loadSound('sound.mp3');
}
function setup() {
    createCanvas(320,320);
    amplitude = new p5.Amplitude();
    noStroke();
}
function draw(){
    background(0,5);
    fill(255,random(255),random(255));
```

```
        let level = amplitude.getLevel();  // 获取音频文件振幅
        let r = map(level,0,1,0,320);        // 将振幅数据（0 至 1）映射到需要的数值范围
        ellipse(width/2,height/2,r,r);
    }
    function mousePressed() {                // 在画布上单击鼠标，控制声音的播放和停止
        if (Sound.isPlaying()) {
            Sound.pause();
        } else {
            Sound.play();
            background(255,255,0);
        }
    }
```

图 11.1

例 11-2 效果图

例 11-3　FFT 音频分析

FFT（Fast Fourier Transform，快速傅里叶变换）可以用于音频的分析并使用 waveform 函数绘制出声音波形。

FFT.waveform 函数可以返回一个振幅值的数组，该数组表示缓冲区中振幅的大小，该数组每个元素的数值在 -1.0 到 1.0 之间，长度默认为 1024。下面的代码使用 waveform 函数绘制声音波形（效果图如图 11.2 所示）。

```
let Sound;
let fft;
function preload() {
    Sound = loadSound('sound.mp3');
}
```

```
function setup() {
    createCanvas(1024,320);
    fft = new p5.FFT();
}
function draw(){
    background(0,5);
    let waveform = fft.waveform();
    noFill();
    stroke(255,0,0);
    for(let i=0; i<waveform.length; i++){
    let y = map(waveform[i],-1,1,0,320); // 读取波形数组中每个元素的数值
        line(i,160,i,y);
    }
}
function mousePressed() {              // 在画布上单击鼠标，控制声音的播放和停止
    if (Sound.isPlaying()) {
        Sound.pause();
    } else {
        Sound.play();
        background(255,255,0);
    }
}
```

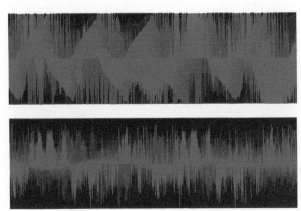

图 11.2

例 11-3 效果图

例 11-4　声波应用

结合例 5-13 的思路，创建一个根据声波频率变换的发散圆环（效果图如图 11.3 所示）。

```
let Sound,amplitude,fft;
let x,y,x1,y1;
function preload() {
    Sound = loadSound('sound.mp3');
}
function setup() {
    createCanvas(600,600);
    fft = new p5.FFT();
    amplitude = new p5.Amplitude();
}
function draw(){
    background(0,80);
    let level = amplitude.getLevel();
    let r = map(level,0,1,0,150);
    fill(random(255),80,80)
    ellipse(width/2,height/2,r,r);
    let waveform = fft.waveform();
    noFill();
    stroke(255,80,80,60);
    strokeWeight(2);
    for(let i=0; i<waveform.length; i++){
        let angle = map(i,0,1024,0,360);
        x = width/2 + cos(angle) * 180;
        y = height/2 + sin(angle) * 180;
        let r = map(waveform[i],-0.8,0.8,50,220);
        x1 = width/2 + cos(angle) * r;
        y1 = height/2 + sin(angle) * r;
        line(x,y,x1,y1);
    }
}
function mousePressed() { // 在画布上单击鼠标，控制声音的播放和停止
```

```
    if (Sound.isPlaying()) {
        Sound.pause();
    } else {
        Sound.play();
        background(255,255,0);
    }
}
```

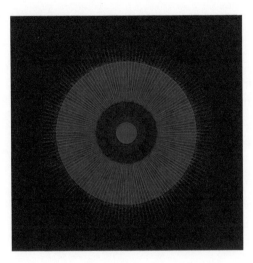

图 11.3

例 11-4 效果图

11.2 麦克风声音捕获

除了播放音频文件，p5.js 还可以读取麦克风捕获的声音。p5.sound 通过计算机内置麦克风或外置麦克风读取实时音频数据。读取到麦克风的数据后，可以对其进行分析、修改和播放。

例 11-5 麦克风捕获

本例与例 11-2 非常相似，只是将播放音频文件换成了实时声音捕获（效果图如图 11.4 所示）。由于自动播放策略，本例需要在单击或触摸画布后，执行 getAudioContext().resume 函数恢复音频功能。

```
let mic,amp,r;
```

```
function setup() {
    createCanvas(600,600);
    background(0);
    mic = new p5.AudioIn();
    amp = new p5.Amplitude();
    mic.start();
    amp.setInput(mic);
}
function draw(){
    fill(0,10);
    rect(0,0,width,height);
    r=map(amp.getLevel(),0,1.0,20,600);
    fill(random(255),random(255),random(255));
    ellipse(width/2,height/2,r,r);
}
function mousePressed() { // 在画布上单击鼠标，恢复音频功能
    if (getAudioContext().state !== 'running') {
        getAudioContext().resume();
    }
}
function touchStarted() {// 在画布上触摸，恢复音频功能
    if (getAudioContext().state !== 'running') {
        getAudioContext().resume();
    }
}
```

图 11.4

例 11-5 效果图

麦克风获取音频与读取音频文件的方法几乎相同。p5.AudioIn 函数负责从麦克风获取实时音频信号，p5.Amplitude 函数负责获取声音的振幅。

11.3 p5.js 创建声音

除了播放音频和分析声音，p5.js 还可以使用 p5.Oscillator 函数创建声音，声音的采样类型包括正弦波（Sine）、三角波（Triangle）、方波（Square）和锯齿波（Sawtooth）四种。正弦波平滑，方波刺耳，三角波介于两者之间。以赫兹为单位的频率决定音调，不同音调可以发出不同的声音。

例 11-6　使用 Oscillator 函数创建电子音

使用 Oscillator 函数创建电子音的示例代码如下（效果图如图 11.5 所示）：

```
let osc;
let playing = false;
function setup() {
    createCanvas(600,600);
    background(0);
    osc = new p5.Oscillator();
    osc.setType('sine');
    osc.amp(0.5);
    osc.start();
}
function draw(){
    let hertz = map(mouseX,0,width,100,600); // 鼠标指针的 x 轴坐标决定频率
    let amp = map(mouseY, 0, height, 1, 0.01); // 鼠标指针的 y 轴坐标决定振幅
    fill(255-amp*255);
    ellipse(width/2,height/2,hertz,hertz);
    if(mouseIsPressed){ // 当鼠标按键被按下时，根据鼠标指针位置创建对应频率的声音
        if(playing==false){
            osc.start();
            playing = true;
        }
        osc.freq(hertz);
        osc.amp(amp);
```

```
    }else{                    // 当鼠标按键被抬起时，声音停止
        osc.stop();
        playing = false;
    }
}
function mousePressed() { // 在画布上单击鼠标，恢复音频功能
    if (getAudioContext().state !== 'running') {
    getAudioContext().resume();
    }
}
function touchStarted() {   // 在画布上触摸，恢复音频功能
    if (getAudioContext().state !== 'running') {
        getAudioContext().resume();
    }
}
```

图 11.5

例 11-6 效果图

例 11-7 调音台

本例引入了一个有意思的元件——slider 滑动条。使用 slider 滑动条可以创建一个非常有趣的调音台。示例代码如下（效果图如图 11.6 所示）：

```
let osc;
let sliderAmp;
let sliderHertz;
```

```
function setup() {
    createCanvas(600,500);
    sliderAmp = createSlider(0,100,50);
    sliderAmp.position(120,450);
    sliderHertz = createSlider(20,12800,1000);
    sliderHertz.position(320,450);
    background(0);
    osc = new p5.Oscillator();
    osc.setType('sine');
    osc.start();
}
function draw(){
    background(0);
    stroke(255);
    for(let i=0; i<10000; i++){
        let angle=map(i,0,10000,0,TWO_PI*sliderHertz.value());
        let sinValue = sin(angle)*120;
        line(i,0,i,height/2+sinValue);
    }
    // 通过两个滑动条控制声音的频率和振幅
    osc.amp(map(sliderAmp.value(),0,100,0,1),0.5);
    osc.freq(sliderHertz.value());
}
function mousePressed() { // 在画布上单击鼠标，恢复音频功能
    if (getAudioContext().state !== 'running') {
    getAudioContext().resume();
    }
}
function touchStarted() {// 在画布上触摸，恢复音频功能
    if (getAudioContext().state !== 'running') {
        getAudioContext().resume();
    }
}
```

createSlider 函数添加了一个可以改变参数的滑动条，它由 3 个参数组成：最小值、最大值和初始值。将滑动条的数值赋给声音的频率和振幅，这样就可以通过拖动滑动条改变声音的音调和音量，实现调音台的功能。

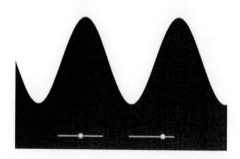

图 11.6

例 11-7 效果图

练习

1. 找一段喜欢的音乐，制作声音视觉化效果。

2. 尝试制作一台网页"电子琴"，当按下"q""w""e""r""t""y""u"按键时，发出 7 种不同的声音。

《星幕》，任柏洺，2018 年 11 月

第 12 章
使用库创作

■ ■ ■

p5.js 除了可以实现图像或声音的交互体验，还可以做更多的事情（并在不断扩展）。一些有用的外部库能帮助 p5.js 实现更多功能，让开发者可以快速添加新的功能。库对项目的开发起着非常重要的作用，库通常是较小的、独立的，更易于管理和使用。

打开链接 http://p5js.org/libraries，可以查看 p5.js 官方网站上的功能库（如图 12.1 所示），本章主要介绍两个好玩的功能库：p5.scribble 和 p5.play。

grafica.js lets you add simple but highly configurable 2D plots to your p5.js sketches. Created by Javier Graciá Carpio.

p5.play provides sprites, animations, input and collision functions for games and gamelike applications. Created by Paolo Pedercini.

图 12.1

p5.js 官方网站提供的功能库

图 12.1

p5.js 官方网站提供的功能库（续）

12.1 p5.scribble 库

p5.scribble 库用于绘制手绘风格的图形，它可以绘制直线、曲线、矩形、圆角矩形和圆形，并且能够设置图形的描边颜色或使用晕滃线对图形进行填充。

例 12-1 使用 p5.scribble 库绘制基本图形

首先引入 p5.scribble 库。在本书的资源文件夹中找到"p5.scribble.js"文件，将它复制至项目文件夹内，并在"index.html"文件中引入。

```
<html>
<head>
    ……
<script src="p5.scribble.js"></script>
<script src="sketch.js"></script>
</head>
<body>
</body>
</html>
```

外部库如同自定义的构造函数，在使用它的功能前必须先创建实例对象。另外，p5.scribble 库绘制图形的语句与 p5.js 也有一些区别。

示例代码如下（效果图如图 12.2 所示）：

```
let scribble = new Scribble();                              // 创建 Scribble 对象实例
function setup() {
    createCanvas(500,150);
}
function draw() {
    background(120);
    stroke(255,0,0);
    strokeWeight(5);
    scribble.scribbleLine(100,30,400,30);                   // 绘制直线
    stroke(255,255,0);
    strokeWeight(3);
    scribble.scribbleCurve(50,35,450,35,250,90,250,-50);    // 绘制曲线
    stroke(0,255,0);
    fill(255,0,255);
    scribble.scribbleRect(100,100,80,50);                   // 绘制矩形
    stroke(0,255,255);
    scribble.scribbleRoundedRect(250,100,80,50,24);         // 绘制圆角矩形
    stroke(0,0,255);
    fill(255,0,255);
    scribble.scribbleEllipse(400,100,50,50);                // 绘制圆形
```

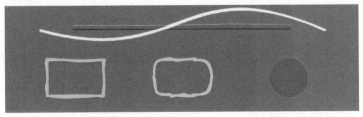

图 12.2

例 12-1 效果图

p5.scribble 库中的绘制图形函数如下：

- scribble.scribbleLine(x1,y1,x2,y2) 函数：用于绘制直线，参数 x1、y1 表示直线的起点位置，参数 x2、y2 表示直线的终点位置。

- scribble.scribbleCurve(x1,y1,x2,y2,x3,y3,x4,y4) 函数：用于绘制曲线，它与 p5.js 中贝塞尔曲线的使用方法相似，不过参数所表示的顶点顺序不同。

参数 x1、y1 表示曲线的起点位置，参数 x2、y2 表示曲线的终点位置，参数 x3、y3 表示起点的控制点位置，参数 x4、y4 表示终点的控制点位置。

- scribble.scribbleRect(x,y,w,h) 函数：用于绘制矩形，参数 x、y 表示矩形中心的位置，参数 w、h 表示矩形的宽和高。

- scribble.scribbleRoundedRect(x,y,w,h,radius) 函数：用于绘制圆角矩形，参数 x、y 表示矩形的起点位置，参数 w、h 表示矩形的宽和高，参数 radius 表示矩形的圆角半径，注意圆角半径的数值不能大于矩形宽或高中的较小值的一半，否则将不会呈现圆角效果。

- scribble.scribbleEllipse(x,y,w,h) 函数：用于绘制圆形，参数 x、y 表示圆形中心的位置，参数 w、h 表示圆形的宽直径和高直径。

例 12-2　使用晕滃线填充矩形

细心的读者会发现，例 12-1 中的矩形图形没有被填充。虽然绘制矩形前写入了 fill 语句，但它对矩形并没有产生任何作用。因此 p5.scribble 需要使用晕滃线 scribble.scribbleFilling 函数制作矩形的填充效果（效果图如图 12.3 所示）。

```
let scribble = new Scribble();// 创建 Scribble 对象实例
function setup() {
    createCanvas(300,300);
}
function draw() {
    background(200);
    // 填充图形坐标，右下，右上，左上，左下，按逆时针顺序
    let xCoords = [250,250,50,50];
    let yCoords = [250,50,50,250];
    stroke(255,255,0);
    strokeWeight(3);
    scribble.scribbleFilling(xCoords,yCoords,5,30);
    stroke(255,100,0);
    strokeWeight(5);
    scribble.scribbleRect(150,150,200,200);
}
```

图 12.3

例 12-2 效果图

scribble.scribbleFilling(xCoords, yCoords, gap, angle) 函数包含 4 个参数，参数 xCoords、yCoords 是填充图形的顶点位置数组，参数 gap 定义了晕滃线的间距，参数 angle 定义了晕滃线的绘制角度。

scibbleFilling 函数的原理图如图 12.4 所示。

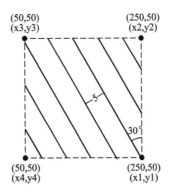

图 12.4

scribbleFilling 函数原理图

例 12-3　使用晕滃线填充圆形

虽然可以使用 fill 函数对 p5.scribble 的圆形进行填充，但是使用晕滃线填充圆形可能会呈现出更有趣的效果（效果图如图 12.5 所示）。

```
let scribble = new Scribble();// 创建 Scribble 对象实例
let xCoords=[];
```

```
let yCoords=[];
let r=200;
function setup() {
    createCanvas(500,500);
    for(let a=0; a<=12; a++){ // 使用 for 循环结合三角函数创建 12 个能围成圆形的顶点坐标
        xCoords[a]=200*cos(radians((12-a)*30));
        yCoords[a]=200*sin(radians((12-a)*30));
    }
}
function draw() {
    background(200);
    stroke(255,0,0);
    strokeWeight(5);
    fill(200);
    scribble.scribbleEllipse(250,250,400,400);
    push();
        translate(250,250);
        stroke(255,255,100);
        strokeWeight(2);
        scribble.scribbleFilling(xCoords,yCoords,5,120);
    pop();
}
```

图 12.5

例 12-3 效果图

12.2　p5.play 库

　　p5.play 库是一个能够创建简单动画的 p5.js 功能库。它提供了一个 Sprite 类，用来管理二维图形，并且实现了简单动画、鼠标键盘事件和碰撞功能。

例 12-4　创建动画

　　p5.play 通过 animation 函数将导入的关键帧序列按顺序播放。本例使用的关键帧序列可以从本书的资源文件夹中获取。

　　示例代码如下（效果图如图 12.6 所示）：

```
let animal;
function preload(){
    // 导入关键帧序列
    animal = loadAnimation('img/animate_01.png','img/animate_09.png');
}
function setup() {
    createCanvas(500,500);
}
function draw() {
    background(255);
    animation(animal,250,250);//animation 函数播放关键帧序列
}
```

图 12.6

例 12-4 效果图

　　本例是一个非常简短的动画，关键帧图片仅有 9 张。如果做一个相对复杂的动画，那么关键帧图片可能会有成百上千张。因此，建议在项目文件夹中给关键帧序列创建单独的文件夹，并将序列图片放置在里面。

例 12-5　创建 Sprite 类

　　p5.play 的 Sprite 类可以承载图形元素并实现一些有用的功能。本例通过单击鼠标创建一个载入序列帧图片的 Sprite 元素，并设置它的初始缩放比例与初始速度。

　　示例代码如下（效果图如图 12.7 所示）：

```
let animal;
function preload(){
    animal = loadAnimation('img/animate_01.png','img/animate_09.png');
}
function setup() {
    createCanvas(500,500);
}
function draw() {
    background(200);
    drawSprites();
}
function mousePressed() {                              // 单击鼠标后在鼠标指针位置创建 Sprite 元素
    let animatedSprite = createSprite(mouseX, mouseY,360,360);
    animatedSprite.scale = random(0.1,0.3);     // 设置缩放比例
    animatedSprite.addAnimation('floating',animal);  // 加载序列帧动画
    animatedSprite.velocity.x = random(-3, 3); // 设置初始 x 速度
    animatedSprite.velocity.y = random(-3, 3); // 设置初始 y 速度
}
```

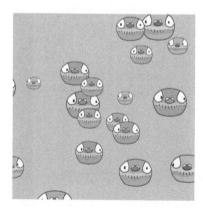

图 12.7
例 12-5 效果图

例 12-6 使用 Sprite 类实现鼠标跟随

Sprite 类可以实现很多 p5.js 的功能，而且简单高效。本例将使用 p5.play 的 attractionPoint 函数实现缓动跟随鼠标指针的效果。

示例代码如下（效果图如图 12.8 所示）：

```
let animal;
let animatedSprite
function preload(){
    animal = loadAnimation('img/animate_01.png','img/animate_09.png');
}
function setup() {
    createCanvas(500,500);
    animatedSprite = createSprite(250, 250,360,360);
    animatedSprite.scale = 0.3;
    animatedSprite.addAnimation('floating',animal);
}
function draw() {
    background(200);
    animatedSprite.attractionPoint(1, mouseX, mouseY);// 让 Sprite 元素朝鼠标指针位置移动
    animatedSprite.maxSpeed = 5;                        //Sprite 元素的最大移动速度
    drawSprites();
}
```

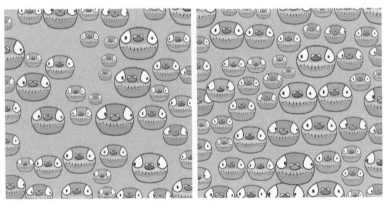

图 12.8

例 12-6 效果图

例 12-7　使用 Sprite 类实现碰撞

碰撞是 p5.play 中非常重要的一个功能，它可以实现碰撞检测或赋予图形物理属性。本例制作了 Sprite 元素之间的碰撞反弹效果。

```
let animal;
let animalGroup;
function preload(){
    animal = loadAnimation('img/animate_01.png','img/animate_09.png');
}
function setup() {
    createCanvas(500,500);
    animalGroup = new Group();          // 创建 Sprite 元素数组
}
function draw() {
    background(200);
    animalGroup.bounce(animalGroup); //Sprite 元素数组中的元素具有碰撞反弹功能
    for(let i=0; i<allSprites.length; i++){ //Sprite 元素数组中的所有元素碰触到屏幕边缘进
行回弹
    et s = allSprites[i];
    if(s.position.x<0) {
        s.position.x = 1;
        s.velocity.x = abs(s.velocity.x);
        }
        if(s.position.x>width) {
            s.position.x = width-1;
            s.velocity.x = -abs(s.velocity.x);
        }
        if(s.position.y<0) {
            s.position.y = 1;
            s.velocity.y = abs(s.velocity.y);
        }
        if(s.position.y>height) {
            s.position.y = height-1;
            s.velocity.y = -abs(s.velocity.y);
        }
```

```
        }
        drawSprites();
    }
    function mousePressed() {                    // 单击鼠标，创建加载动画的 Sprite 元素并
且放入 Sprite 元素数组中
        let animalSprite = createSprite(mouseX,mouseY);
        animalSprite.setCollider('circle', -2, 2, 180);  // 创建半径为 180 的圆形碰撞体
        animalSprite.setSpeed(random(3), random(0, 360));
        animalSprite.addAnimation('floating',animal);
        animalSprite.scale = random(0.1,0.3);
        animalSprite.mass = animalSprite.scale;      //Sprite 元素质量与比例相同
        animalGroup.add(animalSprite);
    }
```

练习

1．尝试使用 p5.scribble 库的图形创作一些有趣的作品。

2．绘制一些动画序列帧并使用 p5.play 库创作有意思的交互作品。

本书的所有素材和示例代码可访问下面的链接或扫描二维码进行下载。

下载地址：https://share.weiyun.com/5xCNNia。

其他参考网站如下：

· Processing 官方网站：https://Processing.org/。

· p5.js 官方网站：http://p5js.org/。

· OpenProcessing 官方网站：https://www.openprocessing.org/。

· p5.scribble 库网站：https://github.com/generative-light/p5.scribble.js。

· p5.play 库网站：http://molleindustria.github.io/p5.play/。

对于每一位学习艺术设计类的学生，编程二字似乎离他们很遥远，但是p5.js 却很有趣，它将技术与艺术联系了起来。

在学习 p5.js 之前，我还接触过一些别的编程语言和工具。例如，使用Unity3D 通过 C# 语言编写一些简单的游戏脚本；使用 HTML5 和 CSS 制作网页；使用 Arduino 制作互动装置等。专业课程的丰富性，使得后来我在学习 p5.js 时融会贯通，加深了对整个语言体系的理解。想成为一名优秀的设计师，关注的不仅仅是视觉，还要触类旁通，完善知识架构。这样，在一些项目当中与其他工作者的沟通也会变得更顺利。

人们常常说艺术是表达自我的方式，殊不知编程亦是如此。我们可以通过计算机这一媒介来表达自己，不必拘泥于传统的艺术形式。有时候，一件艺术作品真正打动你的，并不是它本身，而是你在它身上找到了你的影子。而 p5.js 的互动性，恰好能把你的影子放大，创作出属于你的独一无二的个性化作品，然后利用互联网传播，把你想表达的东西分享给更多的人。p5.js 让艺术变得触手可及，让他人与你的艺术作品直接对话，不再只是隔着一道屏障的观望。

此外，编程还带给我们什么？人类发明了编程语言，实际上编程也在开导、启发着人类。当我们必须严格按照计算机语言去编写代码的时候，其实也在锻炼我们的逻辑思辨能力。

因此，热爱创作的艺术家与设计师们，不妨尝试一下 p5.js，或许你会有意想不到的收获。

蔡蔚妮

2019 年 6 月于北京

参考文献

[1] 谭亮 . Processing 互动编程艺术 [M]. 北京：电子工业出版社，2011.

[2] Lauren McCarthy，Ben Fry，Casey Reas. Getting Started with p5.js[M]. Maker Media Inc，2015.

[3] https://openframeworks.cc/ofBook/chapters/image_processing_computer_vision.html.

[4] Joblove G H，Greenberg D. Color spaces for computer graphics[J]. Computer Graphics，1978，12(3)：20-25.

[5] Agoston，Max K. Computer Graphics and Geometric Modeling：Implementation and Algorithms[M]. Springer，2005.